Elke Wagenpfeil

30 Minuten

Berufliche Neuorientierung

Bibliografische Information der Deutschen Nationalbibliothek

Die Deutsche Nationalbibliothek verzeichnet diese Publikation in der Deutschen Nationalbibliografie; detaillierte bibliografische Daten sind im Internet über http://dnb.d-nb.de abrufbar.

Umschlaggestaltung: die imprimatur, Hainburg
Umschlagkonzept: Martin Zech Design, Bremen
Lektorat: Eva Gößwein, Berlin
Autorenfoto: Studioline Photography A. Krahl
Satz: Zerosoft, Timisoara (Rumänien)
Druck und Verarbeitung: Salzland Druck, Staßfurt

© 2017 GABAL Verlag GmbH, Offenbach

Hinweis:
Das Buch ist sorgfältig erarbeitet worden. Dennoch erfolgen alle Angaben ohne Gewähr. Weder Autorin noch Verlag können für eventuelle Nachteile oder Schäden, die aus den im Buch gemachten Hinweisen resultieren, eine Haftung übernehmen.

Printed in Germany

ISBN 978-3-86936-812-2

In 30 Minuten wissen Sie mehr!

Dieses Buch ist so konzipiert, dass Sie in kurzer Zeit prägnante und fundierte Informationen aufnehmen können. Mithilfe eines Leitsystems werden Sie durch das Buch geführt. Es erlaubt Ihnen, innerhalb Ihres persönlichen Zeitkontingents (von 10 bis 30 Minuten) das Wesentliche zu erfassen.

Kurze Lesezeit

In 30 Minuten können Sie das ganze Buch lesen. Wenn Sie weniger Zeit haben, lesen Sie gezielt nur die Stellen, die für Sie wichtige Informationen beinhalten.

- Alle wichtigen Informationen sind blau gedruckt.

- Schlüsselfragen mit Seitenverweisen zu Beginn eines jeden Kapitels erlauben eine schnelle Orientierung: Sie blättern direkt auf die Seite, die Ihre Wissenslücke schließt.

- *Zahlreiche Zusammenfassungen innerhalb der Kapitel erlauben das schnelle Querlesen.*

- Ein Fast Reader am Ende des Buches fasst alle wichtigen Aspekte zusammen.

- Ein Register erleichtert das Nachschlagen.

Inhalt

Vorwort

Sie wären gern zufriedener mit Ihrer beruflichen Situation, wissen aber nicht, wohin die Reise gehen soll? „Was kann ich eigentlich?" und „Was will ich?" sind Fragen, die Ihnen häufig durch den Kopf gehen? Vielleicht hat sich in Ihrem Berufsleben vieles einfach so ergeben, und nun fragen Sie sich, ob es das beruflich schon gewesen sein soll. Oder Sie sind irgendwann vom Weg abgekommen und wissen nicht, wie Sie wieder zurückfinden. Hier die gute Nachricht: Sie sind nicht allein. Immer mehr Menschen erkennen, dass sie sich mit Begebenheiten nicht einfach abfinden müssen. Auch Sie können sich selbstbestimmt für einen Weg entscheiden und diesen weiter ausgestalten – für ein Höchstmaß an beruflicher Zufriedenheit.

Während man früher im einmal gewählten Beruf häufig bis zum Ende seines Berufslebens blieb und die Karrierepfade meist klar vorgegeben waren, hat sich die Arbeitswelt in den letzten Jahrzehnten stark verändert. Manche Prognosen gehen sogar davon aus, dass es üblicher werden könnte, im Laufe des Berufslebens zwei- bis dreimal einen ganz neuen Beruf zu ergreifen. Die Arbeitswelt ist deutlich flexibler geworden und bietet zahlreiche Möglichkeiten. Darüber hinaus gibt es zunehmend weniger „sichere" Jobs, sodass es immer wichtiger wird, sich mit der eigenen beruflichen Zukunft sowie möglichen Alternativen regelmäßig auseinanderzusetzen. Das Schöne daran ist: Es ist nie zu spät, sich neu zu orientieren. Sie haben es in der Hand, eine Position und ein Umfeld zu finden, das viel besser zu Ihnen passt. Häufig sind es bereits kleinere Veränderungen, die zu entscheidenden Verbesserungen beitragen.

Mit diesem Buch möchte ich Ihnen in kurzer Zeit einen kompakten Überblick über die wichtigsten Schritte bei einer beruflichen Neuorientierung und viele hilfreiche Impulse geben. Ich möchte Ihnen Mut machen, Ihre eigenen Bedürfnisse ernst zu nehmen und Ihre berufliche Zukunft aktiv zu gestalten. Ich möchte Sie anregen, sich selbst gut zu analysieren, genau hinzuschauen und strategisch vorzugehen. Denn es gilt, nicht blindlings zu kündigen, sondern sich mit sich und seinen Möglichkeiten gut auseinanderzusetzen.

Sie können das Buch in 30 Minuten durchlesen oder sich mehr Zeit für verschiedene Übungen im Buch nehmen. Außerdem erfahren Sie, wie Sie sich über das Buch hinaus vertieft mit dem Thema auseinandersetzen können. Und selbst wenn Sie am Ende Ihrer Überlegungen und Recherchen im bisherigen Job bleiben oder nur kleine Veränderungen vornehmen, haben Sie immerhin eine bewusste Entscheidung getroffen und sehen das, was Sie haben, mit neuen Augen.

Wo auch immer Ihre Reise Sie hinführt, ob mit einer kleineren oder größeren Kurskorrektur, ich wünsche Ihnen von Herzen alles Gute!

Elke Wagenpfeil

30 MINUTEN

1. Aufbruch in ein neues (Job-)Land

Eine berufliche Neuorientierung kommt einer Reise gleich. Zu Beginn sind sowohl das Ziel als auch der Weg zum Ziel meist noch unklar. Statt Kataloge und Reiseführer durchzublättern, gilt es, sich selbst anzuschauen und Antworten auf die Fragen zu finden: Was kann ich eigentlich? Was will ich eigentlich? Und was ist mir wichtig? Mit diesen zentralen Erkenntnissen im Gepäck heißt es dann, die Reise gut vorzubereiten und mit einem klaren Ziel vor Augen aufzubrechen.

1.1 Gründe für eine berufliche Neuorientierung

Sie sind mit Ihrer jetzigen beruflichen Tätigkeit nicht mehr so richtig zufrieden und fragen sich, was Sie eigentlich können und wollen? Das Unternehmen verlassen? Oder lieber doch intern wechseln? Oder gleich etwas ganz anderes machen? Mit diesem „Knäuel" im Kopf drehen Sie sich vielleicht schon seit Längerem im Kreis. Gerade wenn Menschen bereits einiges an Berufserfahrung gesammelt haben, in einer bestimmten Position „angekommen" sind und einen vermeintlich „sicheren" Arbeitsplatz haben, fällt eine berufliche Veränderung oder Neuorientierung besonders schwer.

Was versteht man eigentlich unter einer beruflichen Neuorientierung? Zählt dazu nur der Wechsel in einen völlig neuen Beruf, wie etwa von der Vertriebsmanagerin zur Landschaftsarchitektin oder Hochzeitsplanerin? Oder gilt auch der berufliche Schritt in eine neuartige Spezialisierung – so zum Beispiel vom Projektmanager zum „Agilen Coach" – als Neuorientierung? Und wie sieht es mit einem Branchenwechsel aus, eventuell zusätzlich verbunden mit etwas veränderten Aufgaben bzw. einer neuen Jobbezeichnung?

Streng genommen kann eine berufliche Neuorientierung als Wechsel des eigentlichen Berufes, also der inhaltlichen Ausrichtung der Tätigkeit, betrachtet werden. Es gibt allerdings keine einheitliche Definition von „beruflicher Neuorientierung" in der Literatur. In der

Realität sind die Grenzen oft fließend, sodass häufig bereits der Wechsel des Arbeitgebers oder der Branche als berufliche Neuorientierung bezeichnet wird. Je nachdem, wie klein oder groß der „Sprung" hin zum Neuen ist, kann man also von einer kleineren oder einer umfassenderen beruflichen Neuorientierung sprechen. Für viele Menschen ist bereits der Wechsel von einer Abteilung in eine andere Abteilung eine Neuorientierung und sie erleben ihn als großen Schritt mit den gleichen Fragen und Unsicherheiten wie bei einem Wechsel des Arbeitgebers oder des bisherigen Berufs. Dieses Buch umfasst deshalb die gesamte Bandbreite von Neuorientierung und Veränderung. Ich möchte darin nicht einseitig auf die häufig in den Medien dargestellten großen Veränderungen nach dem Motto „Von der Investmentbankerin zur Floristin" fokussieren, sondern hilfreiche Impulse für alle Menschen mit unterschiedlichen Graden an Neuorientierung liefern.

Häufige Gründe für eine berufliche Neuorientierung:
- Der Beruf macht Ihnen inhaltlich keinen Spaß (mehr).
- Sie leiden unter dem Fehlen eines Sinnerlebens.
- Sie fühlen sich über- oder unterfordert.
- Sie können Ihren Beruf nur schwer mit Ihrem Privat- oder Familienleben vereinbaren.
- Dem Unternehmen oder der Branche geht es schlecht.
- Ihnen droht die Kündigung, z. B. durch einen Stellenabbau.

- Sie können Ihre Tätigkeit aufgrund einer Berufskrankheit oder aus anderen Gründen nicht mehr ausüben.
- Die Bezahlung ist nicht angemessen.
- Sie sehen keine Entwicklungsmöglichkeiten.

Oft liegt auch eine Mischung aus verschiedenen Gründen vor. Zu merken, dass die aktuelle Tätigkeit nicht oder nicht mehr hundertprozentig zu den eigenen Wünschen und Vorstellungen passt, wirft viele Fragen auf und verunsichert. Zuerst die gute Nachricht: Es ist nie zu spät, eine Veränderung vorzunehmen. Was Sie verändern – ob im Kleinen oder Großen, ob im Inneren oder Äußeren –, hängt stark von Ihren persönlichen Zielen und Umständen ab.

Mit Ihren Überlegungen sind Sie sind nicht allein. Der bekannte Zukunftsforscher Matthias Horx spricht in seinem Buch *Das Megatrend Prinzip: Wie die Welt von morgen entsteht* vom Megatrend „Individualisierung" und dem Prinzip „Selfness" – dem Wunsch, das eigene Selbst zu entwickeln und zu verwirklichen. Ein weiterer Trend laut Horx ist die „Multigrafie", das heißt, aus linearen Biografien werden zunehmend parallel und sprungweise verlaufende Multigrafien.

Neuorientierung als individueller Prozess

Die Gründe für eine berufliche Neuorientierung sind sehr individuell. Wo für den einen zum Beispiel das Sinnerleben der Tätigkeit sehr hoch sein muss, ist es für den anderen wichtiger, dass die Kollegen nett sind und man sich bestimmte Wünsche, zum Beispiel einen frühen Feierabend oder schöne Reisen, erfüllen kann. Die in vielen Büchern propagierte Aussage „Suchen Sie Ihre wahre Bestimmung!" setzt viele Menschen unter Druck. Doch auch gegenteilige Aussagen wie „Ihr Job muss Ihnen keine Erfüllung bieten!" sind einseitig. Nur Sie alleine bestimmen, was für Sie wichtig und richtig ist.

Eine Neuorientierung ist immer ein sehr individueller Prozess. Es gibt nicht die eine wahre Methode, die zum Ziel führt. Nehmen Sie sich Zeit und überstürzen Sie nichts. Wichtig ist, eine starke Hin-zu-Motivation aufzubauen und nicht nur aus einer Weg-von-Motivation heraus zu agieren. Oft kommen Menschen beispielsweise zu einem Unternehmen wegen einer interessanten Aufgabe und gehen wegen eines Vorgesetzten. Aus Frust gleich den ganzen Beruf und das bisher erworbene berufliche „Kapital" infrage zu stellen, ist an der Stelle sicherlich wenig zielführend. Genauso wenig zielführend ist es, den Kopf in den Sand zu stecken und zu resignieren. Wer nicht entscheidet, für den wird entschieden. Wichtig ist es, die richtigen Stellschrauben zu erkennen und eine bewusste Entscheidung zu treffen.

Formen der Neuorientierung

Klären Sie die Gründe für Ihre Unzufriedenheit und beobachten Sie ein paar Wochen und Monate lang, ob diese nur von vorübergehender Natur sind. Wenn Sie über einen längeren Zeitraum hinweg Gefühle von

Lustlosigkeit und Energiemangel spüren und wenn Sie sich am Montag schon auf das Wochenende freuen, ist es Zeit, zu handeln.

Überlegen Sie, was Sie kurzfristig tun können. Manchmal hilft ein offenes Gespräch mit dem Vorgesetzten über die eigenen Ziele und Vorstellungen. Sehr häufig liegt der Schlüssel, zufriedener zu werden, darin, eigene Sichtweisen und Verhaltensweisen zu verändern. Dies kann bedeuten, verstärkt eigene Bedürfnisse beim Vorgesetzten oder den Kollegen anzusprechen, sich besser abzugrenzen, selbstbewusster zu werden oder zu lernen, besser mit Konflikten umzugehen. In anderen Fällen reicht ein interner Wechsel oder der Wechsel in ein neues Unternehmen bzw. in eine neue Branche, ohne gleich einen ganz neuen Beruf anzustreben. Und in wiederum anderen Fällen kann es eine sinnvolle Alternative sein, die Arbeitszeit zu reduzieren, eventuell mit einem ergänzenden Zweitjob. Doch manchmal ist auch eine neue berufliche Ausrichtung nötig, wenn die Unzufriedenheit nicht nur äußere Faktoren, sondern auch stark die eigentlichen Inhalte des Berufs betrifft.

Eine berufliche Neuorientierung kann ein einmaliges Ereignis sein, zum Beispiel bei einer Office-Managerin, die nach einem Studium Finanzanalystin in einer Bank wird und dort zufrieden bis zur Rente bleibt. Oder es ergeben sich im Verlauf des Berufslebens immer mal wieder neue Erkenntnisse und Anpassungen – um im Beispiel zu bleiben: der Wunsch der Finanzanalystin, nicht nur Banken reicher zu machen. Deshalb wechselt sie in das Gesundheitswesen und entwickelt innovative Kostenkonzepte, die eine menschenwürdige optimale Seniorenbetreuung mit Wirtschaftlichkeit verbinden.

Das heißt also, nachdem Sie sich einige Jahre im neuen „Jobland" aufgehalten haben, könnte sich durchaus wieder eine neue Reise anschließen. Denn Sie haben wichtige Kompetenzen gelernt und waren mit Spaß und Freude dabei, merken aber vielleicht nach einiger Zeit, dass sich Dinge entweder in der Außen- oder Innenwelt verändert haben, zum Beispiel bestimmte Werte in der Branche oder Ihr eigener Wunsch nach mehr Sinnerfüllung. Ob kleine oder große Veränderung, ob einmalig oder in Schritten, jede berufliche Neuorientierung ist ein hoch individueller Prozess. Verbinden Sie dabei Mut mit klugen Schritten und einem Realitätscheck.

Eine berufliche Neuorientierung kann durch unterschiedliche Gründe motiviert sein. Wichtig ist es, sich diese bewusst zu machen, um zum richtigen Ziel mit der passendsten Strategie aufzubrechen. Mehr als eine Weg-von-Motivation trägt eine Hin-zu-Motivation auf dem Weg zum Ziel.

30

1.2 Kurztrip oder Weltreise?

Der Zeitraum einer beruflichen Neuorientierung ist von Fall zu Fall unterschiedlich. Manchmal ist es nur ein

„Kurztrip", das heißt, die „Eingebung" kommt quasi über Nacht und der passende Job gleich hinterher, weil man von einem Bekannten hört, dass zufällig in seinem Unternehmen genau für diese Position jemand gesucht wird. Meist dauert eine berufliche Neuorientierung jedoch mehrere Monate bis hin zu einem Jahr oder länger. Viele Ideen müssen erst reifen. Und manchmal führen auch erst bestimmte Lebensumstände dazu, sich überhaupt verändern zu können.

Machen Sie sich keine Selbstvorwürfe, wenn Sie länger brauchen und manchmal das Gefühl haben, nicht vorwärtszukommen. Im Grunde geht es weniger um Schnelligkeit als vielmehr darum, dass die Veränderung nachhaltig ist. Denn wieso sollte eine etwas längere Reise oder gar eine Weltreise schlechter sein als ein Kurztrip?

Zeitdauer realistisch planen

Folgende „Rückwärtsrechnung" soll Ihnen einige zeitliche Anhaltspunkte geben: Angenommen, Sie haben sich als Zieldatum für den neuen Job den Juli des darauffolgenden Jahres gesetzt. Die meisten Unternehmen brauchen häufig drei bis vier Monate von der Stellenausschreibung bis zur Entscheidung. Oft müssen Sie dann noch Kündigungsfristen auf Ihrer Seite einhalten, sodass Sie bis zu Ihrem ersten Arbeitstag noch einmal ein bis zwei Monate dazurechnen können.

Darüber hinaus werden Sie sich wahrscheinlich auch nicht nur bei einem, sondern bei mehreren Unternehmen bewerben, sodass Sie für Recherchen, das Erstellen von Bewerbungsunterlagen und die Bewerbungen inklusive gezielter Vorbereitung sowie der Vorstellungsgespräche noch einige Monate dazugeben können. Rechnen wir in unserem Beispiel einfach mit drei Monaten.

Dazu kommt die Zeit vorab, die Sie brauchen, um sich über Ihre Interessen, Kompetenzen und Wünsche klar zu werden und damit Ihre Zielposition einzugrenzen. Erfahrungsgemäß schwankt die Dauer hier sehr stark und kann zwischen wenigen Tagen bis hin zu mehreren Monaten, einem Jahr und manchmal auch mehr liegen. Diese Phase beinhaltet die Auseinandersetzung mit sich selbst, das Recherchieren möglicher Positionen und Unternehmen und das Durchdenken der Entscheidung. Nehmen wir in unserer Beispielrechnung einmal eine Dauer von vier Monaten an. (Meistens ist man in der Zeit ja noch berufstätig und hat nur einige Stunden abends und am Wochenende Zeit.) Damit würde insgesamt in etwa ein volles Jahr vergehen, bis Sie die neue Stelle tatsächlich antreten. Das heißt, Sie müssten im Juli dieses Jahres starten, wenn Sie im Juli des darauffolgenden Jahres Ihren neuen Job antreten wollen.

Und wenn Sie jetzt noch daran denken, dass Sie wegen unvorhergesehener Vorkommnisse nicht ständig an Ihrem Projekt „Neuorientierung" arbeiten können, zum Beispiel weil Sie krank sind, gerade viel arbeiten müssen oder familiär stark gefordert sind, wird die Zeitdauer sogar noch länger. Das Gleiche gilt, wenn Sie überlegen, sich selbstständig zu machen bzw. ein Unternehmen zu gründen. Hier hängt es stark davon ab, was, wo und mit wem Sie gründen. Generell braucht auch der Schritt in die Selbstständigkeit Zeit.

 Eine berufliche Neuorientierung kann einige Monate bis zu einem Jahr oder länger dauern. Nehmen Sie sich die Zeit, um Ideen reifen zu lassen und mit der Realität abzugleichen. Viel wichtiger, als schnell zu sein, ist es, darauf zu achten, dass die Veränderung nachhaltig ist und individuell passt.

1.3 Vier wichtige Reisebegleiter

Auf Ihrem Weg der beruflichen Neuorientierung werden Sie viele Höhen erleben, aber auch so manches Tal durchschreiten. Sie werden spannende neue Erkenntnisse über sich selbst gewinnen und interessante neue Berufsfelder entdecken. Doch Sie werden auch manchmal an sich selbst zweifeln und vielleicht oft kurz davor sein, alles beim Alten zu lassen. Gemeinsam reist es sich in der Regel leichter. Deshalb hier die vier wichtigsten „Reisebegleiter":

1. Mut
Für jede berufliche Neuorientierung brauchen Sie eine Portion Mut. Je nachdem, wie stark Sie sich verändern

werden – ob nur in Form eines Branchenwechsels oder eines völlig neuen Berufs –, ist mehr oder weniger davon nötig. Es geht um den Mut, Neues zu wagen und sich dabei häufig gegen eigene Unsicherheiten und innere Widerstände, aber auch gegen Erwartungen von außen zu stellen.

Mut bedeutet also nicht, von all dem frei zu sein, sondern sich allem bewusst zu stellen. Mut schenkt uns die Kraft und Energie, uns auf unbekanntes Terrain zu begeben. Denn wir wissen bei einer Neuorientierung oft nicht, was auf uns zukommt und wie sich die Dinge entwickeln werden.

Doch was ist die Alternative? In der sicheren Komfortzone bleiben? Aber ist diese wirklich sicher oder ist letztlich nicht jeder Arbeitsvertrag eine Art Scheinsicherheit? Wie schnell werden heute Arbeitsplätze wegrationalisiert. Dazu kommen die gesundheitlichen und seelischen Auswirkungen, wenn Menschen zu lange in einer unbefriedigenden beruflichen Situation ausharren – ebenfalls ein Risiko.

Mut zu haben heißt nicht, blindlings zu kündigen, sondern es bedeutet vielmehr, sich mit sich selbst intensiv auseinanderzusetzen, mögliche Optionen gründlich zu recherchieren und einen realistischen Plan zu entwickeln. Jede Veränderung hat auch ihren Preis, manchmal in Form von Gehaltsverlusten, Aufwänden für Weiterbildungen oder anderen Nachteilen. Mut zu haben heißt auch, bewusst Ja zu sagen und den Preis in Kauf zu nehmen.

Hier ein paar Tipps, um mehr Mut zu entwickeln:

- Je weniger ausgeprägt Ihre generelle Risikobereitschaft ist, umso mehr Zeit und „Mut-Macher" sollten Sie sich gönnen.
- Setzen Sie sich aktiv mit Ihren Ängsten auseinander und würdigen Sie diese. Evolutionär war Angst überlebenswichtig, und auch heute bewahrt sie uns noch oft vor unüberlegten Handlungen.
- Machen Sie sich aber auch klar, dass Sie vielleicht übertreiben. Angst verstellt häufig den Blick für Möglichkeiten und engt stark ein. In den seltensten Fällen, und schon gar nicht bei beruflichen Neuorientierungen, geht es heute ums Überleben „Auge um Auge mit dem Tiger" (außer, Sie werden Tiger-Dompteur ...).
- Trainieren Sie Ihren Mut in verschiedenen Lebensbereichen. Melden Sie sich zu einem Kurs in der nächsten Kletterhalle an, machen Sie einen Fallschirmsprung oder gehen Sie allein ins voll besetzte Café. Sie lernen, dass viele Ihrer Ängste unbegründet sind.

2. Vertrauen

Das Wort „Ver-trauen" leitet sich vom Wort „trauen" ab. Jede berufliche Neuorientierung erfordert viel Vertrauen. Es geht darum, sich selbst zu vertrauen, genauer gesagt, sich zuzutrauen, zum einen seinen Weg zu finden und zum anderen mit Unwägbarkeiten auf dem Weg gut umgehen zu können. Denn selbst wenn Sie sich gründlich mit Ihren Stärken, Interessen und beruflichen Vorstellungen auseinandergesetzt und das neue Berufsfeld sehr gut recherchiert haben, bleibt immer noch ein Restrisiko, dass sich die Dinge im neuen Job anders entwickeln, als Sie denken.

Vertrauen heißt nicht, alles hundertprozentig vorhersehen zu können. Das kann niemand. Vertrauen hilft, daran zu glauben, dass Sie mit diesen neuen Lernerfahrungen einen weiteren Schritt machen werden, der Sie noch näher an Ihr Ziel bringt.

Hier ein paar Tipps, um mehr Vertrauen zu entwickeln:

- Überlegen Sie sich, wo Sie in Ihrem bisherigen Leben bereits Veränderungen erfolgreich bewältigt haben. Oft wachsen wir gerade an den kleinen und großen Krisen, ohne die wir bestimmte Kompetenzen nie entwickeln würden.

- Setzen Sie sich aktiv mit Beispielen von Menschen auseinander, die sich erfolgreich beruflich neu orientiert haben. Sie finden diese häufig in Zeitschriften oder in Biografien, vielleicht aber auch in Ihrem Bekanntenkreis oder näheren Umfeld.

- Vertrauen Sie Ihrer Kraft und Fähigkeit, aus jeder Situation das Beste zu machen. Es gibt einen schönen Spruch: „Dort, wo eine Tür zugeht, geht eine andere auf."

- Trauen Sie sich, Schritt für Schritt zu gehen – begleitet von dem guten Gefühl, dass es „da draußen" im Arbeitsmarkt noch viel mehr gibt, als Sie heute wissen und vermuten.

3. Kraft

Um ein Flugzeug zum Abheben zu bringen, ist unter anderem sehr viel Energie in Form von Treibstoff notwendig. Auch wir Menschen brauchen genügend Treibstoff, um unsere Gewohnheiten und unsere vertraute Umgebung zu verlassen. Entweder ist der Leidensdruck im momentanen Job so groß, dass es uns förmlich davontreibt. Oder aber wir entwickeln ein attraktives berufliches Ziel, das uns anzieht. Schwierig wird es erfahrungsgemäß im Zwischenbereich – also in Jobs, die nicht wirklich zufriedenstellend, aber auch nicht richtig schlecht sind. Hier fehlt oft genügend „Schubkraft", um sich zu verändern.

Jede berufliche Neuorientierung kostet auch Kraft. Wenn Sie nach der Arbeit stundenlang recherchieren, sich ehrlich selbst analysieren und sich bewerben, verbrauchen Sie viel Energie. Umso wichtiger ist es, mit den eigenen Ressourcen gut hauszuhalten und die Arbeitspakete in realistische „Päckchen" zu packen.

Hier einige hilfreiche Tipps, um mehr „Schubkraft" zu entwickeln:

- Warten Sie nicht, bis der Leidensdruck zu groß wird, denn Not und Dringlichkeit sind selten gute Ratgeber bei beruflichen Veränderungen. Bauen Sie stattdessen eine kraftvolle und attraktive neue berufliche Vision auf.
- Achten Sie in der Zeit einer beruflichen Neuorientierung gut auf Ihre Kraftreserven. Pflegen Sie sich gut

und achten Sie auf einen gesunden Lebensstil mit ausreichend Sport und gesundem Essen. Übrigens: Bewegung „bewegt"! Eingefahrene Denkmuster lösen sich manchmal beim Laufen oder Wandern sogar besser als im Sitzen.

- Machen Sie immer wieder Pausen. Schnappen Sie ein paar Minuten frische Luft, während Sie recherchieren, und nehmen Sie sich „freie Tage" während der Wochen und Monate der Neuorientierung. Sie vermeiden so, dass Sie irgendwann die Lust verlieren, weil sich alles nur noch um das Thema Neuorientierung dreht.

- Achten Sie ganz besonders gut auf sich, wenn Sie derzeit gesundheitlich oder psychisch eingeschränkt sind. Manchmal empfiehlt es sich, in Phasen zu großer Belastung eine berufliche Neuorientierung erst einmal zu verschieben, da vor allem bei psychischen Erkrankungen häufig eine stabile Umgebung sehr wichtig ist. Zudem ist dann ein freier, kreativer und offener Blick oft verstellt. Wenn die Erkrankung aber durch den Job (mit-)verursacht ist, dann ist eine zügige Veränderung durchaus sinnvoll. Umso wichtiger kann es aber sein, sich professionelle Hilfe zu holen.

- Eine sehr große Kraftquelle kann ein Perspektivenwechsel sein: Überlegen Sie, welchen Beitrag Sie für andere und für die Gemeinschaft mit Ihrer neuen beruflichen Ausrichtung leisten können. Also weg von der Frage „Was will ich?" und hin zur Frage „Mit welchen meiner Gaben und Talente kann ich in der Welt einen Unterschied machen?".

4. Unterstützer

Menschen, die Sie auf Ihrem Weg wohlwollend begleiten, sind in Zeiten beruflicher Veränderung besonders hilfreich. Suchen Sie sich also gezielt Unterstützer, die Ihnen gute Fragen stellen, Feedback geben oder auch einfach nur zuhören. Dies können Personen aus Ihrem Familien-, Freundes- und Bekanntenkreis sein oder vielleicht auch jemand, der sich ebenfalls beruflich verändern möchte und mit dem Sie sich regelmäßig austauschen können.

Falls Sie in einer Partnerschaft leben, ist es wichtig, Ihren Partner bzw. Ihre Partnerin bei Ihrer beruflichen Neuorientierung einzubeziehen – vor allem auch seine bzw. ihre Ängste und Unsicherheiten. Denn oft haben berufliche Veränderungen auch Auswirkungen auf die Partnerschaft, z. B. in Form finanzieller Konsequenzen oder eines möglichen Ortswechsels.

Meistens sind Ratgeber aus dem näheren Umfeld allerdings nicht ganz neutral, denn bei ihnen vermischt sich der Blick auf Ihre Interessen mit dem auf die eigenen. Vor allem Menschen, die starke Sicherheitstendenzen haben, können Ihre Veränderungsimpulse schnell im Keim ersticken. Ganz nach dem Motto: „Was, du hast doch eigentlich einen ganz guten Job! An deiner Stelle würde ich den nicht aufs Spiel setzen!" Was hilft? Hören Sie wertschätzend zu, denken Sie darüber nach, ziehen Sie für sich das Beste aus den Rückmeldungen und gehen Sie Ihren eigenen, für Sie stimmigen Weg.

Vielleicht wollen Sie sich aber auch professionell durch einen Coach oder Karriereberater begleiten und unterstützen lassen? Adressen finden Sie am Ende des Buches unter „Weiterführende Literatur".

Vier wichtige Reisebegleiter für Ihre berufliche Neuorientierung sind: der Mut, Neues zu wagen, das Vertrauen, den eigenen Weg zu finden und mit allen Unabwägbarkeiten gut umgehen zu können, die „Schubkraft" für die Veränderung und Unterstützer, die Sie auf Ihrem Weg wohlwollend begleiten.

1.4 Test: Wie hoch ist Ihre berufliche Zufriedenheit?

Wie steht es um Ihre berufliche Zufriedenheit? Um dies zu erfahren, bewerten Sie bitte die Aussagen, die Sie in der Tabelle auf der folgenden Seite finden, mit einer Punktzahl von 0 („Trifft gar nicht zu.") bis 3 („Trifft völlig zu."). Machen Sie dazu ein Kreuz in der entsprechenden Spalte.

Fragen zur beruflichen Zufriedenheit	Trifft gar nicht zu.	Trifft ein wenig zu.	Trifft weitgehend zu.	Trifft völlig zu.
	0	1	2	3
Meine Aufgaben machen mir inhaltlich Spaß.				
Die Aufgaben entsprechen meinen Fähigkeiten.				
Ich erlebe das, was ich tue, als sinnerfüllt.				
Meine Arbeitsmenge passt, ich fühle mich weder unter- noch überfordert.				
Ich sehe gute Weiterentwicklungsmöglichkeiten im Unternehmen.				
Das Unternehmen bietet mir die Möglichkeit, mich weiterzubilden.				
Mein(e) Chef(in) schätzt meine Arbeit und wir haben ein gutes Verhältnis.				
Die Atmosphäre im Team erlebe ich als positiv.				
Die Unternehmenskultur passt zu mir und meinen Werten.				
Ich kann mich gut mit dem Unternehmen und den Produkten bzw. der Dienstleistung identifizieren.				
Ich kann meine Arbeit gut mit meinen familiären und privaten Bedürfnissen vereinbaren.				

	x 0	x 1	x 2	x 3
Mein Gehalt entspricht meinen Vorstellungen.				
Mir gefällt der Ort (Stadt/Region), an dem ich arbeite.				
Ich fühle mich an meinem Arbeitsplatz wohl (Sitzplatz, Lautstärke, Büroeinrichtung etc.).				
Summe der Kreuze				
Multipliziert mit	x 0	x 1	x 2	x 3
Summe				
Gesamtpunktzahl				

Auswertung

Wie viele von 42 möglichen „Zufriedenheitspunkten" haben Sie in diesem – zugegebenermaßen nicht wissenschaftlich fundierten – Kurztest insgesamt erreicht? Und was fällt Ihnen auf? Gibt es zum Beispiel einzelne „Ausreißer" nach unten oder oben, die das Ergebnis stark beeinflussen?

Wenn Sie bei den ersten drei Fragen eher keinen oder nur einen Punkt vergeben haben, sind Sie wahrscheinlich mit den Inhalten Ihres Berufs unzufrieden, also mit der Tätigkeit an sich. Im Vergleich dazu beziehen sich die späteren Fragen mehr auf Rahmenbedingungen wie Entwicklungs- und Weiterbildungsmöglichkeiten, auf das Gehalt oder auf soziale Faktoren wie Chef oder Kollegen. Haben Sie in bestimmten Bereichen nur wenige, vielleicht sogar null Punkte vergeben, sollten Sie sich diese Bereiche näher anschauen. Sind Sie schon länger unzufrieden? Was haben Sie bereits versucht, um die

Situation zu verbessern, und was könnten Sie noch tun? Dort, wo Sie höhere Punktzahlen vergeben haben, scheint alles im grünen Bereich zu sein. Inwiefern sind diese Bereiche ein Ausgleich für Sie?

Am Ende besteht unsere berufliche Zufriedenheit immer aus einem Mix verschiedenster Bereiche. Wichtig dabei ist, zu erkennen, welche Bereiche für Sie persönlich besonders wichtig sind. Dies spielt eine große Rolle, denn vielleicht sind Sie eher bereit, an einer bestimmten Stelle Abstriche zu machen als an einer anderen. Menschen gewichten unterschiedliche Bereiche unterschiedlich stark. Deshalb lassen sich allein aus Ihrer Punktzahl im Test auch keine generellen Empfehlungen ableiten. Entscheidend ist Ihre persönliche Empfindung.

Jede berufliche Neuorientierung ist ein individueller Prozess.

- *Machen Sie sich bewusst, warum Sie beruflich unzufrieden sind, und überlegen Sie, was Sie gegebenenfalls kurzfristig zur Lösung beitragen könnten.*
- *Sehr häufig liegt der Schlüssel zu mehr Zufriedenheit darin, eigene Sicht- und Verhaltensweisen zu ändern.*
- *Je nach Hintergrund kann ein interner Wechsel oder ein Wechsel des Unternehmens bzw. der Branche ein sinnvoller Schritt sein. Manchmal ist die Veränderung tief greifender und führt zu einer ganz neuen beruflichen Tätigkeit.*

- *Fragen Sie sich: Wenn nicht jetzt, wann dann? Es ist nie zu spät, eine Veränderung vorzunehmen.*
- *Was Sie verändern und wie viel, hängt von Ihren persönlichen Zielen und Umständen ab.*
- *Gehen Sie in Ihrem Tempo. Selbst wenn Sie wie ein Krebs vorangehen – zwei Schritte vor, einen zurück –, sind Sie immer noch schneller, als wenn Sie sich gar nicht bewegen.*

30 MINUTEN

2.   Sich selbst erkennen

Viele Menschen scheuen davor zurück, sich intensiv mit sich selbst auseinanderzusetzen. Sie sehen mehr die eigenen Schwächen und Misserfolge als die vorhandenen Stärken und Erfolge. Sie haben es sich darüber hinaus abgewöhnt, Ziele zu haben, da es im Leben sowieso immer anders kommt. Doch eine gründliche Standortbestimmung ist eine sehr wichtige Grundlage für jede berufliche Neuorientierung. Wer einerseits seine Kompetenzen, Interessen und Werte kennt und andererseits Dinge, die nicht so gut gelungen sind, als wichtige „Lehrmeister" würdigt, kommt am Ende leichter zum Ziel. Werden Sie also der Experte für sich selbst und zugleich Ihr bester Freund.

2.1 Stärken und Talente

Um mehr Klarheit über Ihre Kompetenzen zu gewinnen, ist es hilfreich, zurückzuschauen und eine Art „berufliche Inventur" zu machen. Denn nur dort, wo Sie in hohem Maße Ihre Kompetenzen einsetzen können, liegen langfristig berufliche Zufriedenheit und Erfolg. Doch was gehört alles in Ihren Kompetenzkoffer?

Kompetenzen sammeln

In der psychologischen Literatur finden sich eine Vielzahl unterschiedlichster Kompetenzmodelle. Unter einer Kompetenz versteht man alles, was ein Mensch kann und weiß. Grob lassen sich fachliche, methodische, soziale und persönliche Kompetenzen unterscheiden. Zu den fachlichen Kompetenzen gehören zum Beispiel IT-Fähigkeiten (Datenbanken programmieren, Tabellen mit Excel erstellen etc.) oder spezielle Fachkenntnisse beispielsweise zu Automobiltechnik, Chemie, Biologie oder Mediendesign. Um methodische Kompetenzen handelt es sich beispielsweise, wenn man in der Lage ist, Workshops zu moderieren, Projekte zu managen oder Ergebnisse zu visualisieren oder zu präsentieren. Soziale Kompetenzen zeigen sich im Umgang mit anderen Menschen, zum Beispiel anhand der Fähigkeit, neue Teammitglieder zu integrieren, Menschen zu motivieren oder sich um Senioren zu kümmern. Beispiele persönlicher Kompetenzen sind zielorientiertes Handeln, Entscheidungsfähigkeit oder Kreativität.

Übung: Durchforsten Sie systematisch Ihre Biografie von Abschnitt zu Abschnitt, das heißt, gehen Sie von Ihrer Kindheit zur Schulzeit, von dort weiter zur Ausbildung oder zum Studium, zu eventuellen Praktika und Auslandsaufenthalten bis hin zum ersten Job und so weiter. Machen Sie sich zu jedem Abschnitt in einer Tabelle Notizen. Dabei können Sie sich an folgenden Leitfragen orientieren:

- Was fiel mir leicht? Was konnte ich besonders gut?
- Worauf bin ich stolz und welche meiner Fähigkeiten hat mir dabei geholfen?
- Was habe ich gelernt? Welches fachliche Wissen und welches Erfahrungswissen habe ich aufgebaut?

Positive Nebeneffekte dieser Übung: Sie hebt Ihr Selbstbewusstsein und sie liefert Ihnen einen wunderbaren Fundus, um im Vorstellungsgespräch Ihre Kompetenzen zu untermauern.

Persönlichkeit entdecken

Aus Ihrer Biografie können Sie darüber hinaus besondere Merkmale Ihrer Persönlichkeit ableiten. Wenn Sie zum Beispiel andere gerne umsorgen, sind Sie wahrscheinlich eher empathisch, fürsorglich und hilfsbereit. Um noch mehr über Ihre Persönlichkeit zu erfahren, können Sie zusätzlich auch einen Persönlichkeitstest hinzuziehen. Auf dem Markt existieren zahlreiche Verfahren, wobei das Spektrum von wissenschaftlich fundiert bis hin zu wenig seriös reicht. Achten Sie darauf, dass nicht nur der Test wissenschaftlich fundiert ist, sondern dass auch die Person, die den Test auswertet, eine entsprechende Ausbildung oder Zertifizierung hat. Den Tests liegen unterschiedliche Persönlichkeitsmodelle zugrunde, sodass sich die betrachteten Kriterien von Test zu Test unterscheiden. Seien Sie sich also bewusst, dass Sie nie einen vollumfänglichen oder gar den einzig „wahren" Überblick über Ihre Persönlichkeit erhalten. Dafür ist die menschliche Persönlichkeit einfach zu facettenreich und – positiv gesehen – zu bunt. Dennoch können Sie mit einem seriösen Test hilfreiche Zusatzerkenntnisse gewinnen und mit in Ihren „Reisekoffer" nehmen. Beispiele für anerkannte Tests sind das Bochumer Inventar zur berufsbezogenen Persönlichkeitsbeschreibung, entwickelt an der Ruhr-Universität Bochum, oder der Clifton StrengthsFinder des Gallup Instituts, bei dem es sich um einen Stärkentest handelt.

Feedbacks einholen

Neben Ihrem Selbstbild ist auch das Fremdbild, also das Bild, das andere von Ihnen haben, eine wichtige Quelle der Erkenntnis. Denn manchmal schätzen wir uns anders ein, als Außenstehende es tun, und so mancher „blinde Fleck" kommt nur durch andere ans Tageslicht. Holen Sie sich deshalb zusätzlich Feedback von anderen, zum Beispiel von Freunden, Familienmitgliedern, Kollegen, Kommilitonen oder Vorgesetzten. Sie können davon ausgehen, dass die meisten Menschen sich freuen, wenn sie derart ins Vertrauen gezogen werden, und bereitwillig Feedback geben. Mögliche Fragen wären:

- „Welche drei Stärken siehst du bei mir ganz besonders?"
- „Angenommen, du würdest mich für einen Tag als Problemlöserin buchen, um welches Problem würde es sich handeln? Durch welche meiner Stärken könnte ich dir dabei ganz besonders helfen?"

Wundern Sie sich nicht, wenn die Antworten unterschiedlich ausfallen, denn Sie werden sich üblicherweise bei Freunden anders verhalten als gegenüber Kollegen oder Ihrem Vorgesetzten. Darüber hinaus betrachtet Sie jeder durch eine andere „Brille". Achten Sie einfach darauf, was häufig genannt wird. Besonders interessant sind Fähigkeiten, die Sie selbst nicht so hoch eingeschätzt haben. Für Sie sind diese völlig selbstverständlich und nicht (mehr) auffällig, doch genau hier liegen oft wichtige Grundlagen für neue berufliche Wege.

Langfristig finden Sie berufliche Zufriedenheit und Erfolg dort, wo Sie Ihre Kompetenzen einsetzen können. Packen Sie in Ihren Kompetenzkoffer alles, was Sie auf Ihrer bisherigen beruflichen Reise geschafft haben und worauf Sie stolz sind. Dazu gehören Ihre fachlichen, methodischen, sozialen und persönlichen Kompetenzen. Auch Feedbacks von anderen können dabei helfen.

2.2 Interessen

Neben Ihren Stärken spielen auch Ihre Interessen eine große Rolle bei der Frage, wohin Ihre berufliche Reise zukünftig geht. Im Mittelpunkt stehen dabei zum einen die Themen und Sachgebiete (z. B. Architektur, Mode, Prozessmanagement, App-Entwicklung) und zum anderen die Tätigkeiten, die Sie gerne mögen (z. B. renovieren, Prozesse optimieren, programmieren). Wahrscheinlich werden Sie Überschneidungen zu Ihren Kompetenzen finden, denn in der Regel ist das, was man gerne mag, auch das, was man gut kann.

Übung: Werten Sie anhand Ihrer Aufzeichnungen aus dem letzten Kapitel Ihre einzelnen Lebensabschnitte im Hinblick auf Ihre Interessen aus. Folgende Leitfragen können Ihnen dabei helfen:

- Was waren meine Lieblingsbeschäftigungen in meiner Kindheit?
- Was wollte ich früher werden?
- Welche Themen und Fächer haben mich in der Schule am meisten angesprochen? Welche in der Ausbildung bzw. im Studium?
- Womit habe ich mich in den bisherigen beruflichen Positionen so gerne beschäftigt, dass Zeit und Raum keine Rolle mehr gespielt haben und ich völlig darin aufgegangen bin?

Betrachten Sie auch Ihre privaten Interessen:
- Womit verbringe ich gerne und freiwillig meine freie Zeit?

- Worüber unterhalte ich mich am liebsten mit anderen Menschen?
- Was lese ich gerne, was schaue ich mir gerne im Fernsehen an und wo surfe ich gerne im Internet?

Ein weiterer Tipp: Führen Sie für ein paar Wochen ein Tagebuch, in dem Sie sich jeden Abend notieren, was Sie an diesem Tag gerne gemacht haben und was Ihr Interesse geweckt hat. Manchmal braucht es ein wenig Zeit, die eigenen Interessen systematisch zu sammeln, da man oft den „Wald vor lauter Bäumen" nicht sieht. Im Kapitel 3 erfahren Sie, wie Sie weiter mit Ihrer Sammlung arbeiten und diese zu konkreten beruflichen Optionen verdichten können.

Neben Ihren Kompetenzen spielen Ihre Interessen eine große Rolle bei der Frage, was Sie beruflich ausfüllt und wohin es Sie beruflich „zieht". Dabei handelt es sich um spezielle Themen, Sachgebiete oder bestimmte Tätigkeiten, die Sie begeistern und denen Sie in Zukunft mehr Raum geben wollen.

30

2.3 Motive, Werte und Ziele

Auf Ihrer Reise der beruflichen Neuorientierung ist es wichtig, sich gut damit auseinanderzusetzen, was Sie antreibt, was Ihnen wichtig ist und was Sie erreichen wollen. Die Erkenntnisse, die Sie dabei gewinnen, können erklären, warum Sie sich an manchen Weggabelungen für eine bestimmte Richtung entschieden haben und welche Rahmenbedingungen zukünftig wichtig sein werden.

Seit vielen Jahrzehnten beschäftigt sich die Psychologie mit der Erforschung von Motiven und Werten. Motive sind wie der „Motor", der uns antreibt. Sie geben uns eher Kraft, als dass sie uns Energie kosten. Werte geben uns darüber hinaus Orientierung und dienen als eine Art „inneres Navi" oder „innerer Kompass".

Beispiele für Werte sind: *Abwechslung, Sicherheit, Wissen, Unabhängigkeit, Toleranz, Beziehungen, Harmonie, Innovation, materieller Wohlstand, Familie, Ästhetik, Ehrlichkeit, Herausforderung, Leistung, Status, Wertschätzung.*

Werte und Motive erkunden

Eine sehr wichtige Quelle, um etwas über Ihre individuellen Motive und Werte zu erfahren, ist wieder Ihre bisherige Biografie.

Übung: Die folgenden Leitfragen können Ihnen helfen, Ihre Werte und Motive zu erkunden:
- Was hat mich bisher am meisten bei meinen beruflichen Tätigkeiten motiviert? Was treibt mich an?
- Wodurch waren meine bisherigen beruflichen Entscheidungen motiviert?
- Was war und ist mir wirklich wichtig?
- Was bedeutet Karriere für mich? Was Erfolg?

- Wen bewundere ich und wofür?
- Was mag ich gar nicht an Menschen, womit kann man mich richtig ärgern?
- Welche Werte waren in meinem Elternhaus wichtig? Welche habe ich gerne übernommen?
- Angenommen, ich würde eine lebenslange, üppige Rente gewinnen und müsste nicht (mehr) arbeiten, womit würde ich meinen Tag verbringen? Welche Werte werden mir dabei deutlich?
- Was würde ich tun, wenn ich nur noch zwölf Monate zu leben hätte?

Falls Sie zum Beispiel erkennen, dass Unabhängigkeit ein wichtiger Wert für Sie ist, wäre es wichtig, diesen Wert im neuen Beruf bzw. beruflichen Umfeld möglichst gut leben zu können, entweder durch die Möglichkeit, sehr autonom und mit großen Freiheitsgraden zu arbeiten, oder in Form einer Selbstständigkeit.

Das Ziel ist es, herauszufinden, inwieweit Ihre Werte zum neuen Berufsbild und -feld passen. So häufen sich in bestimmten Berufen oder auch ganzen Branchen spezielle Werte, seien es Status und Macht oder Werte wie Neugier und Abenteuer. Je mehr Menschen Sie aus dem jeweiligen Berufsfeld, der Branche oder dem Unternehmen, für das Sie sich interessieren, befragen, umso eher treffen Sie eine bewusste Entscheidung in größtmöglicher Übereinstimmung mit Ihren Werten. Denn auch jedes Unternehmen hat seine eigenen Unternehmenswerte, die mit Ihren möglichst deckungsgleich sein sollten. Wenn Sie genau hinschauen, vermeiden Sie, „vom Regen in die Traufe" zu kommen.

Ziele klären

Nachdem Sie Ihre Motive und Werte beleuchtet haben, begeben Sie sich gedanklich in die Zukunft, hin zu Ihren Zielen.

Übung: Anhand der folgenden Leitfragen können Sie sich Klarheit über Ihre Ziele verschaffen:
- Welche kurz-, mittel- und langfristigen Ziele habe ich?
- Angenommen, ich sitze im Alter gemütlich in meinem Schaukelstuhl, worauf will ich zurückschauen? Was will ich jetzt tun, um dann nichts zu bereuen?
- Welchen Nutzen für die Gemeinschaft bzw. für die Welt will ich stiften? Womit?

Gerade bei Entscheidungsfragen ist der imaginierte Blick aus der Zukunft in die Gegenwart häufig sehr aufschlussreich. Wenn Sie sich zum Beispiel fragen, ob Sie im jetzigen Unternehmen bleiben oder gehen sollen, zoomen Sie sich gedanklich 20 Jahre in die Zukunft und überlegen Sie, wie Ihr Weg mit der einen oder anderen Entscheidung weitergegangen sein würde. Was könnte sich in welcher Weise entwickelt haben? Wie fühlt es sich an? Natürlich ist dies nur eine Gedankenspielerei, denn kein Mensch kann die Zukunft genau vorhersehen, aber häufig ermöglicht diese Art der Vor- und Rückschau neue Perspektiven.

Eine gründliche Standortbestimmung ist eine sehr wichtige Basis für jede berufliche Neuorientierung. Je mehr wir in einer neuen beruflichen Tätigkeit das leben können, was wir können, wollen und was uns wichtig ist, umso erfolgreicher und zufriedener werden wir sein.

- *Sammeln Sie Ihre Kompetenzen für Ihre Ausrüstung und Ihre Interessen für eine starke „Schubkraft".*

- *Motive sind wie der „Motor", der uns antreibt. Werte geben uns darüber hinaus Orientierung und dienen als eine Art „inneres Navi" oder „innerer Kompass" auf unserem beruflichen Weg. Setzen Sie sich gründlich mit Ihren eigenen Motiven und Werten auseinander.*

- *Machen Sie sich Ihre Ziele bewusst. Fragen Sie sich nicht nur, was Sie persönlich erreichen wollen, sondern auch, welchen Nutzen Sie für die Gesellschaft stiften wollen und wodurch.*

30 MINUTEN

3. Zielkurs definieren

Mit der Standortbestimmung ist der erste Meilenstein geschafft. Der nächste besteht nun darin, den Zielkurs näher zu definieren. Aus der Kombination der wichtigsten Fähigkeiten, Interessen und Werte gilt es, zunächst Ideen für Ihre berufliche Zukunft zu entwickeln und diese nach und nach zu konkretisieren. Fundierte Recherchen, Gespräche mit Menschen, die in dem Bereich bereits arbeiten, sowie Praxiseinblicke können beim Realitätscheck helfen.

3.1 Ideen entwickeln

Nach der Standortbestimmung geht es im nächsten Schritt darum, die eigenen Fähigkeiten, Interessen und alles, was Ihnen wichtig ist, in der Gesamtschau zu betrachten, zu priorisieren und daraus Ideen für berufliche Optionen zu entwickeln. Welche Erkenntnisse über sich selbst haben Sie gewonnen? Was ist für Sie besonders bedeutsam? Vielleicht ist es gar kein völlig neuer Beruf, sondern eine etwas veränderte inhaltliche Ausrichtung, die eine entscheidende Verbesserung mit sich bringt.

Beispiele aus der Praxis

Im Folgenden sollen Ihnen einige Beispiele zur Illustration dienen. Sie erzählen von realen Fällen, die aber zum Schutz der Anonymität der Beteiligten verändert wurden. Darüber hinaus wurde der erste Fall zusätzlich hypothetisch ein wenig weitergedacht, um Ihnen wichtige Zusammenhänge zu verdeutlichen.

Fall 1: Claudia M., Marketing-Managerin

Die Marketing-Managerin Claudia M. arbeitet sehr stark operativ und setzt tagtäglich konkrete Marketingkampagnen um. In der Auseinandersetzung mit sich selbst erkennt sie, dass sie eine konzeptionelle Stärke hat und gern langfristig strategisch denkt. Mehr als den täglichen Umgang mit Kunden bzw. Agenturen schätzt sie es, sich mit neuen Ideen und Trends auseinanderzusetzen und innovative Konzepte zu entwickeln, die langfristig in den gesamten unternehmerischen Kontext eingebunden werden. Was kann sie also tun? Da es ihr prinzipiell in dem Unternehmen gefällt, denkt sie über einen internen Wechsel in das strategische Marketing nach. Darüber hinaus kommen ihr noch zwei weitere Ideen: die Berufsfelder Unternehmensstrategie und Innovationsmanagement, zu denen sie weiter recherchieren möchte.

Angenommen, Claudia M. hätte erkannt, dass ihre besonderen Fähigkeiten und Interessen im Bereich IT und digitale Themen liegen. Dann könnte sie sich zum Beispiel näher mit dem Bereich Online-Marketing beschäftigen.

Verändern wir den Fall noch ein wenig und gehen davon aus, dass Claudia M. leidenschaftlich gerne schreibt und in ihrer Tätigkeit bisher am meisten Freude an allem hatte, was mit journalistischen Beiträgen und Kommunikation zu tun hat. Dies könnte für eine Orientierung in Richtung Marketing mit Schwerpunkt Text oder in den Unternehmensbereich Kommunikation/Public Relations sprechen. Während die beruflichen Veränderungen in Richtung strategisches Marketing, Online-Marketing oder Marketing mit Schwerpunkt Text noch relativ nah an der ursprünglichen Tätigkeit liegen, stellt der Wechsel in die PR-Abteilung schon eine etwas größere Veränderung dar. Er braucht daher umso mehr einen guten Umsetzungsplan.

Vielleicht möchte Claudia M. aber lieber gleich das Unternehmen wechseln, weil ihr der Wunsch nach einem kürzeren Arbeitsweg bewusst geworden ist. Dafür würde sie Nachteile im neuen Unternehmen – ein Großraumbüro und das Fehlen einer betrieblichen Altersvorsorge – in Kauf nehmen. Denn es gibt nicht den einen Traumjob, in dem alles stimmt. Einen Preis bezahlen wir immer. Die Frage ist nur: Welchen Preis sind wir bereit zu bezahlen?

Fall 2: Jens H., Abteilungsleiter Einkauf

Jens H. ist Abteilungsleiter Einkauf eines großen Unternehmens der Chemiebranche. Er empfindet den Einkauf zunehmend als „sinnentleert". Durch den hohen Kostendruck kann er nur noch nach dem Kriterium des günstigsten Preises und nicht mehr nach Qualität entscheiden. Ihm fällt ein, dass er schon als Kind auf dem Schulhof Stifte verkauft hat und dass er lieber mehr „draußen" unterwegs wäre statt stundenlang im Büro zu sitzen. Er besitzt eine hohe Überzeugungsstärke, kommunikatives Talent sowie Verhandlungsgeschick. In der Kombination spricht hier einiges für den Vertriebsbereich, und so entscheidet er sich, Informationsgespräche rund um die Position Leiter Vertrieb zu führen, um seine Vorstellungen mit der Realität abzugleichen.

Fall 3: Karin S., Logistik-Managerin

Der Logistik-Managerin Karin S. wird bewusst, dass sie großes Interesse an Gesundheitsthemen hat. Zuerst überlegt sie, als Logistik-Managerin in die Gesundheitsbranche zu wechseln. In der näheren Auseinandersetzung mit sich selbst erkennt sie aber, dass sie gar nicht mehr als Logistikerin arbeiten möchte. Ihre damalige Berufsentscheidung erlebt sie im Rückblick als überhaupt nicht bewusst, sondern eher von außen getrieben. Etliche Familienmitglieder, unter anderem auch ihr Vater, arbeiten im Bereich Logistik. Mit ihren drei größten Fähigkeiten „Beraten", „Zuhören" und „maßgeschneiderte Lösungen finden" in Kombination mit ihren drei größten Interessen „gesunder Arbeitsplatz", „Ergonomie", „Stressbewältigung" beginnt sie, den Beruf der Beraterin im betrieblichen Gesundheitsmanagement näher zu recherchieren. Zuvor hatte sie in einem Brainstorming ihrer Fantasie freien Lauf gelassen und verschiedene berufliche Optionen entwickelt. Diese reichten von der Dozentin für Stressmanagement bis hin zum Vertrieb ergonomischer Stühle.

Berufliche Optionen suchen und finden

Was sich hier leicht liest, ist in der Realität oft ein längerer Prozess mit mehreren Schleifen. Also geben Sie nicht auf, wenn Sie nicht gleich eine zündende Idee haben, und glauben Sie an sich! Wenn es leicht wäre, würden es mehr Menschen tun. Die besten Optionen liegen in der Schnittmenge aus Ihren Kompetenzen, Interessen, Werten, Motiven und Zielen. Wichtig ist, die richtigen Stellschrauben zu erkennen und eine bewusste Entscheidung zu treffen. Sehr häufig reichen auch kleine Veränderungen, um bedeutsame Verbesserungen zu erzielen.

Die folgende Übung kann Ihnen helfen, Ideen für berufliche Optionen zu entwickeln. Bitte beachten Sie dabei: Dieses Buch ist kein umfassendes Arbeitsbuch. Deshalb bietet auch diese Übung nur eine Auswahl möglicher Vorgehensweisen. Sie sollten bereit sein, über die 30 Minuten hinaus weitere Zeit zu investieren.

Übung: Gehen Sie mit bunten Stiften durch Ihre Aufzeichnungen, unterstreichen und priorisieren Sie die wichtigsten Erkenntnisse.
Nehmen Sie ein Blatt (DIN A3) und zeichnen Sie drei große Kreise, die sich wie olympische Ringe in der Mitte überschneiden. In den ersten Kreis schreiben Sie die wichtigsten drei bis fünf Punkte aus Ihrem Kompetenzkoffer. In den zweiten Kreis kommen jeweils Ihre drei bis fünf stärksten Interessen und in den dritten Kreis die wichtigsten Werte, Motive und Ziele.
Im nächsten Schritt lassen Sie Ihrer Fantasie freien Lauf: Welche beruflichen Optionen könnten in der Schnittmenge liegen?

Meist liegen in der Schnittmenge mehrere berufliche Optionen, denn die Anzahl der beruflichen Möglichkeiten hat sich in den letzten Jahrzehnten exponentiell erhöht. Zu glauben, dass es nur die eine wahre Berufung gibt, schränkt an der Stelle stark ein und führt zu großem Druck. Bewerten Sie die Optionen nicht zu früh, sondern überlegen Sie erst einmal in alle Richtungen. Sie können die Übung alleine machen oder wertschätzende und „veränderungsoffene" Freunde bitten, mit Ihnen zu brainstormen.

Nach einer gründlichen Standortbestimmung gilt es, die gesammelten Erkenntnisse zu betrachten und zu priorisieren. Die besten Ideen liegen in der Schnittmenge aus Ihren Kompetenzen, Interessen und wichtigsten Werten, Motiven und Zielen.

30

3.2 Informationen sammeln

Ein wichtiger Baustein bei jeder beruflichen Neuorientierung ist die Recherche zu möglichen Berufsfeldern. Diese Phase ist erfahrungsgemäß sogar oft die längste, da man meist nicht auf Anhieb die richtigen Informationen findet und es leider keine allumfassende Datenbank mit allen Jobs in Deutschland oder gar weltweit gibt. Dazu hat sich die Anzahl möglicher Berufe bzw. Jobprofile in den letzten Jahrzehnten einfach zu schnell entwickelt. Viele neue Jobs kamen hinzu – vom „Scrum Coach" über den „Mobile Developer" zum „On Air Presentation Expert" oder „Manager Conversion-Optimierung" – Berufsprofile, die entweder stark spezialisiert oder aufgrund moderner Technologien neu entstanden sind.

Das Ziel aller Recherchen ist es, sehenden Auges in das neue berufliche Feld zu gehen. Sonst besteht die Gefahr, sich Illusionen zu machen, die wenig mit der Realität zu tun haben. „Wenn ich das gewusst hätte ..." ist ein Satz, den Sie hoffentlich nie sagen müssen.

Sicher ist es unmöglich, bei der Vielzahl an Faktoren und Rahmenbedingungen alles bis ins letzte Detail zu recherchieren oder vorherzusehen. Und so manches zeigt sich leider erst nach einer gewissen Zeit in der neuen Tätigkeit und durch das eigene Fühlen und Erleben. Nehmen Sie sich aber dennoch ausreichend Zeit, gründlich zu recherchieren, denn es gilt, Ihre Vorstellungen mit der Realität abzugleichen und nach und nach zu konkretisieren. Diese Phase kann viel Spaß machen, aber auch oft frustrierend und langatmig sein. Häufig entstehen Gefühle und Gedanken wie „Ich weiß immer noch nicht, was ich machen soll!" oder gar ein zeitweiliger Information-Overload. Deshalb ist es ganz wichtig, sich bewusst zu machen, dass dies völlig normal ist und dass es vielen Menschen so geht. Recherchieren und das schrittweise Eingrenzen der beruflichen Option kostet Zeit. Wenn Sie aber gegenrechnen, wie viel Zeit Sie in dem neuen Beruf noch verbringen werden, relativiert sich vieles wieder. Gerade vor der Entscheidung, einen ganz neuen Weg einzuschlagen, ist diese Zeit gut investiert!

Schreiben Sie sich am besten relevante Informationen gleich in Ihr persönliches „Logbuch" bzw. heften Sie Ausdrucke und wichtige Informationen in einem Ordner ab. Arbeiten Sie mit individuellen Farben und Symbolen. Übertragen Sie To-dos gleich auf Ihre To-do-Liste oder in Ihren elektronischen Planer (z. B. „Annette wegen näherer Informationen anrufen"). Organisation ist alles. Achten Sie dabei auch auf Ihre Gefühle: Was spricht Sie an? Wo fängt Ihr Herz an, ein wenig schneller zu schlagen? Hilfreich ist es, sich während der Recherchen immer wieder in sinnvollen Zeitabschnitten

(z. B. alle zehn Minuten) zu fragen, ob Sie noch zielgerichtet unterwegs sind oder sich gerade im „Nirwana" des Internets verlieren.

Auch wenn Sie Ihren neuen Job primär anhand Ihrer Stärken, Interessen und Werte aussuchen sollten, kann es dennoch durchaus sinnvoll sein, Zukunftstrends in die Entscheidung mit einfließen zu lassen. Welche technischen Entwicklungen prägen die Märkte der Zukunft? Welche Branchen boomen? Wo zeichnen sich hohe Bedarfe ab? Welche Trends gibt es? Glauben Sie dabei nicht allen Prognosen, vor allem nicht Arbeitsmarktprognosen, sondern ziehen Sie unterschiedliche Quellen heran und lassen Sie Ihren gesunden Menschenverstand walten. Wenn Sie Überschneidungen zwischen Zukunftstrends und Ihren Interessen finden – umso besser!

Recherchieren – es lebe das Internet

Besonders im Internet finden sich zahlreiche Informationen rund um Tätigkeitsprofile sowie die entsprechenden Anforderungen und Qualifikationen. Hier einige hilfreiche Internetseiten:

- BERUFENET (berufenet.arbeitsagentur.de): Bei der Eingabe bestimmter Stichwörter (z. B. „Marketing" oder „Kunst") erhalten Sie eine Kurzübersicht aller Berufsbilder, die mit Marketing oder Kunst zu tun haben. Eine gute Quelle für einen ersten Überblick.
- BERUFE.TV: Zu vielen – zumindest den bekannten – Berufen und Studiengängen gibt es kurze Filme mit vertiefenden Einblicken.

- **Jobbörsen**: Bei Eingabe relevanter Stichwörter in eine oder mehrere der zahlreichen Jobbörsen erhalten Sie einen ersten Überblick über verschiedene Einsatzfelder, beispielsweise beim Stichwort „Design" Mediendesign, Architektur, Grafik- und Kommunikationsdesign, Produktdesign sowie weitere Untergruppierungen. Meist reicht zu Beginn ein kurzer Check von drei bis fünf Jobs pro Unterkategorie, um mehr über die Tätigkeiten und Anforderungskriterien herauszufinden. Erst später sind hier weitere Recherchen sinnvoll.

- **Spezielle Internetseiten** bieten vertiefende Informationen, zum Beispiel zu sozialen oder „grünen" Berufen oder zu Berufen im Bereich Mathematik, Informatik, Naturwissenschaften und Technik (die sogenannten MINT-Berufe). Sie finden diese Seiten, wenn Sie die passenden Stichworte in Ihre Suchmaschine eingeben. Häufig bieten auch Arbeitgeberverbände zahlreiche Informationen zu den entsprechenden Berufen.

- **Berufskunde-Internetseiten** für Schüler und Studenten (z. B. einstieg.com oder beroobi.de) können eine Fundgrube hilfreicher Informationen und Videos selbst für Berufserfahrene sein, insbesondere wenn die berufliche Neuorientierung auf einen Ausbildungsberuf oder ein Studium abzielt.

- **Whatchado.com**: Eine Datenbank mit mittlerweile Hunderten von Jobprofilen, auf der Menschen ihren Job in einem gefilmten Interview anhand bestimmter Leitfragen vorstellen.

Darüber hinaus gibt es auch in Büchern und Broschüren zahlreiche Informationen zu Berufen. Mögliche Quelle sind hier vor allem die Berufsinformationszentren (BIZ) der Agentur für Arbeit, die meist über gut ausgestattete Bibliotheken und eigene Informationsordner verfügen.

Experten fragen – Informationen aus erster Hand

Die wertvollsten Informationen erhalten Sie häufig in Gesprächen mit Menschen, die in dem Bereich arbeiten, für den Sie sich interessieren. Fragen Sie in Ihrem Bekannten- und Familienkreis, wer entsprechende Kontakte hat und Ihnen einen Ansprechpartner nennen kann. Dabei empfiehlt es sich, grundsätzliche Informationen vorab zu recherchieren, bevor Sie in das Gespräch gehen. Zum einen zeigen Sie Ihrem Gesprächspartner, dass Sie wirklich interessiert sind und sich bereits informiert haben. Zum anderen können Sie die wertvolle Zeit – Ihre und die Ihres Gesprächspartners – für die Fragen verwenden, die sich nicht durch eine einfache Recherche beantworten lassen.

Auch Kongresse, Veranstaltungen, Messen und Vorträge bieten wunderbare Möglichkeiten, Menschen kennenzulernen, die Ihnen mehr über ihren Beruf erzählen können. Darüber hinaus sind die dort präsentierten Themen auch inhaltlich relevant, sodass Sie schon einmal Wissen rund um das angestrebte neue Berufsfeld aufbauen können. Wenn Sie sich zum Beispiel für die Arbeit als Referentin bei einer politischen Bildungsinstitution interessieren, könnten Sie sich informieren, welche interessanten Vorträge von politischen Bildungseinrichtungen es in der nächsten Zeit gibt, und diese besuchen, um mit anderen Teilnehmern oder den Rednern ins Gespräch zu kommen. Oder Sie überlegen, als Einkäuferin in die Möbelbranche zu gehen? Dann halten Sie Ausschau nach Möbelmessen oder Kongressen zu Themen und Trends im Möbelhandel.

Falls die Zeit bei einer solchen Veranstaltung für ein ausführliches Gespräch zu knapp ist, laden Sie Ihr Gegenüber zum Lunch oder Kaffee zu einem späteren Zeitpunkt ein. In der Regel sind Menschen sehr offen, wenn man sie bittet, über ihren Beruf zu erzählen, vor allem wenn man Begeisterung für ihre Tätigkeit zeigt.

Ausprobieren – Praxis schlägt Theorie

Nirgends erhalten Sie bessere Einblicke in einen Beruf als in der beruflichen Praxis selbst. Wo immer möglich sollten Sie nach Gelegenheiten Ausschau halten, bei denen Sie Praxisluft „schnuppern" können. Sei es, indem Sie Bekannte, die im angestrebten Berufsfeld arbeiten, an ihrem Arbeitsplatz besuchen, oder – noch viel besser – in Form von Hospitationen oder Praktika. Sicherlich lässt sich nicht alles vorhersehen. Doch besonders durch Praxiseinblicke vorab können Sie Risiken minimieren und die Wahrscheinlichkeit erhöhen, das für Sie Passende zu finden. Bereits kurze Praxiseinblicke sind besser als gar keine. Sie können Ihnen helfen, wertvolle Erkenntnisse zu sammeln.

Tipp für Studien- und Weiterbildungsinteressierte
Sollten Ihnen zunächst einmal eine längere Weiterbildung, ein (Zweit-)Studium oder ein MBA vorschweben, recherchieren Sie nicht nur zu den Inhalten der Weiterbildung bzw. des Studiums – nach dem Motto: „Ach, das Vorlesungsverzeichnis klingt ja interessant!" –, sondern auch zu den Inhalten und Tätigkeitsfeldern, in die Sie später damit einsteigen wollen. Denn gemessen an der Anzahl der Jahre, die Sie danach im Job verbringen werden, vergeht ein Studium oder eine Weiterbildung schnell.

Nehmen Sie sich Zeit, gründlich zu recherchieren, um Ihre Vorstellungen mit der Realität abzugleichen und nach und nach zu präzisieren.

3.3 Den neuen Job konkretisieren

Bereits während der Recherchen kristallisieren sich meist zunehmend mögliche Berufsbilder heraus. Das Ziel des Konkretisierens ist es, eine möglichst klare Vorstellung über die angestrebte Tätigkeit sowie alle wichtigen „Rundum-Faktoren" zu entwickeln.

Sie erinnern sich vielleicht an das Beispiel der Logistik-Managerin Karin S., die in das Gesundheitsmanagement wechseln möchte. Allein in diesem Bereich gibt es unzählige Berufe: von der Präventions- und Gesundheitsberaterin über die Referentin bzw. Beraterin im betrieblichen Gesundheitsmanagement bis hin zur Projektmanagerin, Kundenbetreuerin, Vertragsmanagerin oder der Spezialistin für betriebliches Eingliederungsmanagement, um nur einige zu nennen. Darüber hinaus gibt es diese Tätigkeiten in zahlreichen Beschäftigungsformen und Unternehmen und mit verschiedensten Arbeitsbedingungen. Hier gilt es, den Zielkorridor immer weiter einzugrenzen, um am Ende das zu finden, was am besten zu einem passt.

Folgende W-Fragen können Ihnen beim Konkretisieren Ihres zukünftigen Berufsbilds helfen:

- **Was?** – z. B. Aufgabenspektrum, Verantwortlichkeiten, Anforderungsprofil.
- **In welcher Rolle?** – z. B. Linienführung, Projektleitung, FachexpertIn, StabsmitarbeiterIn, BeraterIn, (Projekt-)MitarbeiterIn, angestellt, selbstständig.
- **Wie?** – z. B. strategisch, operativ, konzeptionell.
- **Für wen?** – z. B. Konzern, mittelständisches Unternehmen, Start-up, NGO, Behörde, Organisation.
- **Welche Branche?** – z. B. Automotive, Banken, Bau, Chemie, Dienstleistung, Elektronik, Energie, Finanzen, Gesundheit, Handel, Immobilien, Industrie, Infrastruktur, IT, Konsumgüter, Life Science, Luftfahrt, Maschinen-/Anlagenbau, Pharma, Technologie, Transport.
- **Wo?** – z. B. Inland, Ausland, Region, Stadt.
- **Wie viel und wann?** – z. B. Arbeitszeitmodell (Vollzeit, Teilzeit, konkrete Stundenanzahl, flexibel, Schicht).
- **Für wie viel Geld?** – z. B. Gehalt, fixe, variable und sonstige Gehaltsbestandteile.

- **Mit wem?** – z. B. kleines Team, großes Team, Projekt-arbeit, allein, virtuell, Teil eines Netzwerks.
- **In welcher Umgebung?** – z. B. Großraumbüro, Ein-zelbüro, Vorstellungen zur Unternehmenskultur.

Da es selten nur *die* eine richtige Option gibt, ist es meist sinnvoll, Alternativen zu entwickeln. Denn sonst setzen Sie sich womöglich stark unter Druck – nach dem Motto: „Wenn das nicht klappt, ist mein Leben verpfuscht!" –, und das bringt Sie nicht weiter.

Um mögliche berufliche „Reiseziele" zu finden, wird der Blick zunächst weit, um sich dann nach und nach auf das stimmigste Ziel zu konzentrie-ren. Dabei kann Ihnen folgende Strategie helfen:

- *Lassen Sie Ihrer Fantasie zu Beginn freien Lauf und grenzen Sie schrittweise durch gründliche Recherchen Ihre Ideen ein.*
- *Geben Sie nicht auf, wenn Sie nicht gleich eine zündende Idee haben. Frustrationen und ein zeit-weiliger Information-Overload sind völlig normal.*
- *Besonders im Internet finden Sie viele Informa-tionen rund um Tätigkeitsprofile, Branchen usw.*
- *Holen Sie sich möglichst viele Informationen aus erster Hand durch Gespräche mit Men-schen, die in dem Bereich arbeiten, oder – noch besser – in Form von praktischen Einblicken.*
- *Je konkreter Ihre Vorstellungen werden, umso leichter wird Ihre anschließende Jobsuche.*

30 MINUTEN

4. Umsetzung planen

Sie wollen für Ihren neuen beruflichen Kurs eine solide Basis schaffen? Selbstverständlich! Nachdem Sie das angestrebte Berufsfeld konkretisiert haben, ist es ratsam, mit einem Realitätscheck zu prüfen, ob Sie für Ihr Vorhaben ausreichend gerüstet sind. Eine individuelle Strategie, realistische Etappen und eine gute Planung helfen auf dem Weg zum Ziel.

4.1 Soll und Ist vergleichen

Leider scheitert so manche berufliche Neuorientierung an unrealistischen Zielen. Bevor Sie einfach „loslaufen", ist es wichtig, möglichst genau zu wissen, welche Anforderungen auf der Reise und am Zielort auf Sie zukommen.

Je nachdem, von wo Sie starten und wohin Sie wollen, sind manchmal noch Zwischenetappen wie etwa Weiterbildungen, Zusatzqualifikationen, Projekterfahrungen, (nebenberufliche) praktische Erfahrungen oder sogar eine neue Berufsausbildung oder ein (Zweit-) Studium nötig. Diese Etappen können fachlicher Natur sein und das neue Thema betreffen oder, wenn Sie sich zum Beispiel selbstständig machen, den Aufbau von unternehmerischem Wissen, Marktrecherchen und einen tragfähigen Businessplan umfassen.

Bei kleineren beruflichen Neuorientierungen, zum Beispiel einem Unternehmenswechsel, sind oft weniger formale Zusatzqualifikationen entscheidend als vielmehr eine fundierte Bewerbungsstrategie, gute Kontakte oder im Fall eines Branchenwechsels entsprechende Branchenkenntnisse.

Realitäts-Checkliste

Folgende Reflexionsfragen können Ihnen beim Soll-Ist-Vergleich helfen:

- Welche Kompetenzen bringe ich für das neue Unternehmen oder die neue Tätigkeit mit? Welche müsste ich noch aufbauen?

- Wie realistisch sind meine Chancen? Welche Rückmeldungen erhalte ich bezüglich dieser Frage von Menschen, die dies möglichst gut beurteilen können (beispielsweise Entscheider aus der Praxis, Fachexperten etc.)?
- Was könnte ich tun, um meine Chancen weiter zu erhöhen und dadurch meine Idee erfolgreich umzusetzen?
- Wie kann der Übergang bei einer neuen inhaltlichen Ausrichtung aussehen (beispielsweise den neuen Beruf zunächst nebenberuflich oder ehrenamtlich ausüben)?
- Welchen „Preis" bin ich bereit zu zahlen (z. B. bestimmte Vorteile im bisherigen Beruf oder Unternehmen aufgeben oder viel Energie in das Neue investieren)?
- Wie könnte ich die Neuorientierung finanziell stemmen, falls Kosten für Weiterbildungen oder einen Geschäftsaufbau anfallen?
- Welche Rücklagen habe ich?
- Wie steht mein privates Umfeld zu der geplanten Veränderung, wenn es davon betroffen ist (z. B. wenn ich kündige, mich selbstständig mache oder ins Ausland gehen will)?

Je nachdem, wie groß der Abstand zwischen dem Ist und dem Soll ist, können Sie sich überlegen, ob Sie Ihr Ziel ändern wollen oder Zwischenetappen einbauen sollten. Je nach persönlicher Situation gibt es verschiedene Strategien, um Ihren Plan umzusetzen. Dazu mehr im nächsten Kapitel.

Durch einen Realitätscheck können Sie prüfen, ob Sie für Ihr neues berufliches Ziel ausreichend gerüstet sind, und einschätzen, wie realistisch Ihre Chancen sind. Passen Sie gegebenenfalls Ihr Ziel den Gegebenheiten an oder bauen Sie Zwischenetappen mit Zusatzqualifikationen oder praktischen Erfahrungen ein.

4.2 Strategie festlegen

Welche Strategie die richtige für Sie ist, hängt stark von Ihren individuellen Zielen, Ressourcen und persönlichen Umständen ab.

Beispiele aus der Praxis

Folgende Beispiele sollen Ihnen einige Anregungen geben, wie der Weg zum Ziel aussehen kann. In den Beispielen werden etwas größere Neuorientierungen dargestellt, die einen Wechsel der Tätigkeit bzw. Branche beinhalten, um mögliche Wege zum Ziel zu verdeutlichen.

Fall 1: Jens H., Abteilungsleiter Einkauf

Erinnern Sie sich noch an das Beispiel des Einkaufsleiters eines Chemieunternehmens Jens H., der in den

Vertrieb wechseln möchte? Obwohl er außerdem am liebsten in einer anderen Branche – nämlich der Sportartikelbranche – arbeiten möchte, besteht seine Strategie darin, zunächst intern in das Key-Account-Management des bisherigen Unternehmens zu wechseln, wo er die Vertriebstätigkeiten im Raum Europa und Nordamerika steuert und häufig zu Kunden reist. Ein weiterer Teil seiner Strategie besteht darin, zwei Home-Office-Tage pro Woche auszuhandeln, um mehr zeitliche Flexibilität rund um sein Familien- und Privatleben zu haben.

Im nächsten Schritt steuert er – um die Vertriebserfahrung „reicher" – den Wechsel in die Sportartikelbranche an, in der er zwar weniger verdient, sich aber viel mehr mit den Produkten identifizieren kann. Seine Strategie ist also ein Umstieg in zwei Etappen: zuerst ein interner Wechsel der Tätigkeit, dann ein Wechsel der Branche.

Fall 2: Karin S., Logistik-Managerin

Erinnern Sie sich noch an das Beispiel der Logistik-Managerin Karin S., die Beraterin im betrieblichen Gesundheitswesen werden möchte? Sie entschließt sich zu einer nebenberuflichen Zusatzausbildung und knüpft bereits währenddessen Kontakte in die Abteilung Gesundheitsmanagement ihres Unternehmens. Sie einigt sich mit ihrem Chef auf eine Hospitanz in dieser Abteilung, zur Hälfte innerhalb der Arbeitszeit und zur anderen Hälfte durch Einbringen von Freizeit. Darüber hinaus engagiert sie sich bereits in einigen Gesundheitsprojekten sowohl innerhalb des Unternehmens als auch außerhalb und hält Vorträge und Workshops zu Gesundheitsthemen in regionalen Bildungseinrichtungen.

Insgesamt investiert sie viel Zeit und Energie in ihre Weiterentwicklung. Durch ihre internen Kontakte hört sie von einer Stellenausschreibung im Bereich Gesundheitsmanagement ihres Unternehmens. Ihr ist klar, dass sie sich von den vielen anderen Mitbewerbern „abheben" muss, die zum Teil im Unterschied zu ihr jahrelange Fachexpertise mitbringen. Da sie durch ihr bisheriges Engagement positiv auffällt und im Bewerbungsgespräch durch ihre hohe Motivation überzeugt, bekommt sie den Job.

Tipp zu Umschulungen:
Bei Umschulungen, die entweder innerhalb der staatlich geordneten Berufsbildung oder im Rahmen einer Rehabilitation bzw. Integration stattfinden, können Sie sich an die entsprechenden Behörden bzw. die Agentur für Arbeit wenden, um mögliche Fördermaßnahmen und Hilfen zu klären.

Individuelle Strategie entwickeln

Anhand der Beispiele wurde deutlich, dass es viele verschiedene Wege zum Ziel gibt. Insgesamt ist wichtig, dass die Strategie zu Ihrer persönlichen Situation passt. Im Folgenden erhalten Sie eine Zusammenfassung der

Kernpunkte aus den Beispielen sowie weitere mögliche Strategien in der Übersicht:

- Sie nähern sich Ihrem Ziel in Etappen, das heißt, Sie wechseln zunächst innerhalb des Unternehmens den Bereich bzw. das Betätigungsfeld und gehen dann mit dieser neuen Ausrichtung in ein anderes Unternehmen.
- Sie gehen den direkten Weg in ein neues Unternehmen, entweder auf eine vergleichbare bzw. ähnliche Position oder – abhängig von Ihren Qualifikationen und den Anforderungen – gleich in ein neues Berufsfeld.
- Sie schaffen über Ihr Engagement im Unternehmen einen Bedarf für Ihr Thema und ggf. eine entsprechende Stelle.
- Sie bauen über Zusatzqualifikationen eine Expertise auf.
- Sie besuchen Kongresse sowie Fachveranstaltungen im neuen Gebiet und bauen so Branchen- und Fachkenntnisse auf. Positiver Nebeneffekt: Sie stellen Kontakte zu Entscheidern bzw. Menschen aus dem Bereich her.
- Sie aktivieren Ihr Netzwerk und bauen dieses zunehmend aus. Über Ihre Kontakte bzw. deren Netzwerk erhalten Sie wichtige Informationen, hören von frei werdenden Stellen und finden Zugang zu relevanten Personen.
- Falls ein (Zweit-)Studium notwendig ist, schaffen Sie mit begleitenden Praktika und einem gezielten Kon-

taktaufbau zu interessanten Arbeitgebern den Umstieg.

- Sie arbeiten erst einmal nebenberuflich im neuen Job, entweder in einem angestellten Zweitjob oder in Form einer Teilzeit-Selbstständigkeit.
- Sie arbeiten ehrenamtlich in Ihrem angestrebten Berufsfeld.
- Sie nutzen die Möglichkeit einer Altersteilzeit, um Schritt für Schritt eine weitere Erwerbstätigkeit vorzubereiten.
- Sie machen sich in Ihrem Wunschbereich selbstständig und arbeiten entweder als Freelancer für verschiedene Unternehmen oder Sie gründen Ihr eigenes Unternehmen.

Hinweis zum Thema Selbstständigkeit:
Genauere Einzelheiten in puncto Gründerstrategie würden ein eigenes Buch füllen, deshalb an dieser Stelle nur einige Impulse: Der erste Schritt bei einer Unternehmensgründung ist ein differenzierter Businessplan. Darüber hinaus gibt es zahlreiche Informationen im Netz und in Büchern. Bei verschiedenen Beratungsstellen ist es außerdem möglich, eine gezielte Existenzgründungsberatung in Anspruch zu nehmen.

Vielleicht wollen Sie gar keinen größeren Kurswechsel vornehmen, sondern die für Sie passende „Stellschraube" besteht darin, Rahmenbedingungen oder persönliche Verhaltensweisen und Einstellungen zu verändern.

Dann gilt es eher, eine kluge Strategie zu entwickeln, um zum Beispiel ein besseres Gehalt oder passendere Arbeitszeiten zu verhandeln. Oder es geht darum, zu lernen, Nein zu sagen, ein besseres Verhältnis zu Kollegen oder Vorgesetzten zu erreichen oder selbstbewusster aufzutreten.

Bewerbungsstrategie

Vielleicht halten Sie einen Unternehmenswechsel für den stimmigsten nächsten Schritt? Dann gilt es, eine individuelle Bewerbungsstrategie zu entwickeln, die sowohl den offenen als auch den verdeckten Stellenmarkt im Blick hat.

Die Grundlage für Ihre Bewerbungsstrategie sind Ihre überzeugenden Bewerbungsunterlagen, in denen Ihre Kompetenzen optimal auf den Punkt gebracht sind.

Die Suche auf dem offenen Stellenmarkt läuft je nach Zielposition und Ihrem beruflichen Hintergrund über unterschiedliche Kanäle, zum Beispiel verschiedene Jobsuchmaschinen, Unternehmensjobbörsen, Business-Netzwerke wie XING und LinkedIn oder Bewerbermessen.

Bei der Suche im verdeckten Stellenmarkt helfen eine differenzierte Zielfirmenliste zur aktiven Direktansprache sowie ein gutes Netzwerk und manchmal auch Personalberater oder Headhunter. Die Branche der Letzteren agiert überwiegend im Bereich Führungs- und Spezialisten-Positionen und ist in den letzten Jahren sehr unübersichtlich geworden. Prüfen Sie deshalb gut, wem Sie Ihr Profil geben. Die Berater haben am ehesten Interesse an Ihnen, wenn Sie möglichst genau zu einem aktuellen Suchmandat passen. Wichtig ist dabei, dass Ihr Profil zum Beispiel gut in den sozialen Medien und den einschlägigen Business-Netzwerken wie XING und LinkedIn mit den passenden Schlüsselbegriffen auffindbar ist.

Je mehr Erfahrungen Sie sowohl aus dem jeweiligen Fachgebiet als auch aus der angestrebten Branche mitbringen, umso höher sind in der Regel Ihre Chancen bei Arbeitgebern. Wer nicht den geradlinigen Lebenslauf mit dem berühmten roten Faden mitbringt, ist leider oft mit Vorurteilen konfrontiert, weil er nicht in die üblichen Kategorien passt. Schade. Denn viele Menschen, die sich neu orientieren, sind hoch motiviert, haben ausgeprägte Schlüsselqualifikationen und denken bereichsübergreifend.

Doch auch hier gilt: Pauschale und vereinfachende Aussagen sind eigentlich nicht möglich, denn im Grunde geht es immer um Wahrscheinlichkeiten. Selbst innerhalb eines Unternehmens unterscheiden sich Personaler und Entscheider in Hinblick auf ihre Offenheit. Manche suchen explizit nach Menschen, die „frischen" Wind ins Unternehmen bringen, andere hingegen gewichten langjährige spezifische Erfahrung sehr viel höher. Vor allem wenn es einen hohen Bedarf an Arbeitskräften gibt, sind Unternehmen in der Regel offener für Branchenfremde oder Quereinsteiger.

Was heißt das für Sie? Abhängig davon, wie umfangreich Ihre berufliche Neuorientierung wird, rechnen Sie am besten mit allem. Je nachdem, auf wen Sie treffen, brauchen Sie möglicherweise viel mentale Stärke, Durchhaltevermögen, klare Ziele und eine überlegte Strategie, die Sie immer wieder überprüfen und anpassen. Falls Sie sich mit dem Thema Strategie noch weiter auseinandersetzen wollen, hier drei Buchempfehlungen:

- Hilfreiche Tipps, wie Sie beruflich zufriedener werden können, finden Sie im Buch *Glücklicher im Beruf ... mit der Kompass-Strategie* von Martin-Niels Däfler und Ralph Dannhäuser.
- Zahlreiche Beispiele von Menschen, die sich beruflich neu orientiert haben, finden Sie im Mut machenden Buch *Deine Sehnsucht wird dich führen* der Bestseller-Autorin Sabine Asgodom.
- Viele nützliche Praxistipps, wie Sie Kontakte aufbauen und Netzwerke gezielt für Ihre berufliche Entwicklung nutzen können, finden Sie im Buch *Networking im Job* von Doris Brenner.

Es gibt verschiedene Strategien auf dem Weg zu Ihrem neuen beruflichen Ziel. Ob direkt oder mit einer schrittweisen Veränderung, ob hauptberuflich, nebenberuflich oder ehrenamtlich – wichtig ist vor allem, dass die Strategie individuell zu Ihnen passt.

4.3 Realistische Etappen planen

Je realistischer Sie nun die einzelnen Etappen planen, umso leichter fällt Ihnen der Weg zum Ziel. Die meisten Menschen, die sich beruflich neu orientieren, tun dies neben einer Berufstätigkeit und sonstigen Verpflichtungen.

Planen als herausfordernde Aufgabe

Vielleicht kennen Sie das? Man nimmt sich einen riesigen Berg an Aufgaben vor und schafft am Ende nur die Hälfte, und das auch noch in der doppelten Zeit. So geht es vielen Menschen. Seine Zeit und die Aufgaben gut einzuteilen ist essenziell, um genügend Kraft auf dem Weg zu haben.

Richtig zu planen ist schwer, man könnte sogar sagen, es bleibt eine lebenslange Aufgabe. Lassen Sie den Kopf also nicht hängen, sondern lernen Sie nach und nach Ihre individuellen Präferenzen kennen und finden Sie heraus, welche Planungsmethode am besten dazu passt.

Tipps für eine erfolgreiche Planung

Manche Menschen arbeiten gerne mit handgeschriebenen Listen, Post-it-Projektplänen, Mind-Maps oder einem Zielbuch. Andere bevorzugen die digitalen Varianten in Form von Projektplänen, Tabellen oder Planungs-Apps.

Probieren Sie verschiedene Methoden aus und finden Sie nach und nach heraus, was Ihnen am meisten hilft.

Hier ein paar grundsätzliche Tipps, die Ihnen helfen, erfolgreich zu planen:

- Unterteilen Sie Ihre jeweiligen Ziele in realistische Teilschritte.
- Setzen Sie sich konkrete Termine, an denen ein Schritt abgeschlossen sein soll. So können Sie die erforderlichen Zeitabschnitte besser einteilen und kontrollieren. Darüber hinaus kann ein konkreter Termin zusätzlich sehr motivierend auf Sie wirken.
- Planen Sie immer einen Puffer für Unvorhersehbares ein. Meist dauern die Dinge länger, als wir denken, und vieles haben wir nicht hundertprozentig selbst in der Hand.
- Planen Sie am besten schriftlich. Aufschreiben bringt Ordnung in die häufig unsystematische Vielfalt unserer Gedanken und Vorhaben. Es entlastet außerdem unser Gehirn und schafft mehr Kapazitäten, um Prioritäten zu setzen.
- Planen Sie Ihre Aufgaben auch in Ihren Tagesablauf ein.
- Prüfen Sie regelmäßig, ob Sie noch auf dem richtigen Weg sind, und passen Sie gegebenenfalls Ihre Ziele an.
- Belohnen Sie sich, wenn Sie bestimmte Etappen geschafft haben. Feiern Sie also auch schon Ihre Teil-Erfolge.
- Lösen Sie sich von dem Gedanken eines perfekten Zeitmanagements. Dazu ist die Welt einfach viel zu komplex.

- Und zu guter Letzt: Fixieren Sie sich nicht nur auf das Ziel, sondern genießen Sie auch den Weg dahin. Wer zu sehr mit einem Tunnelblick unterwegs ist, verpasst die Schönheiten des Weges und den Austausch mit Weggefährten.

Wer nicht den geradlinigen Lebenslauf mit dem berühmten roten Faden vorweisen kann, ist leider oft mit Vorurteilen konfrontiert, weil er nicht in die üblichen Kategorien passt. Umso wichtiger ist ein Vergleich von Ist und Soll, um die eigenen Chancen realistisch einzuschätzen.

Neben einer individuellen Strategie und machbaren Etappen ist nicht zuletzt eine gute „Reiseplanung" entscheidend.

- *Sie brauchen ein klares Ziel, viel mentale Stärke und Durchhaltevermögen.*
- *Fragen Sie sich, welchen Preis Sie zu zahlen bereit sind. Eine Tätigkeit, in der alles stimmt, gibt es selten.*
- *Überlegen Sie sich, welche Zwischenetappen Sie gegebenenfalls einbauen können oder müssen.*
- *Prüfen Sie, ob eine nebenberufliche oder ehrenamtliche Tätigkeit eine gute Alternative wäre.*
- *Aktivieren Sie Ihr Netzwerk und erweitern Sie es.*

- *Entwickeln Sie eine individuelle Bewerbungs- oder Gründungsstrategie.*
- *Planen Sie einen Puffer für Unvorhersehbares ein und gehen Sie wertschätzend mit sich um – eine perfekte Planung gibt es nicht.*
- *Werden Sie sich selbst der beste Freund. Selbst wenn Sie sich entscheiden, zu bleiben, sehen Sie das Gute dort mit neuen Augen.*

30 MINUTEN

5. Das Einmaleins der Psychologie der Veränderung

Eine berufliche Neuorientierung ist von verschiedenen Gefühlen begleitet. Sowohl positive Gefühle wie Freude und Hoffnung als auch unangenehme Gefühle wie Unsicherheiten und Ängste sind völlig normal. Jede Veränderung birgt potenzielle Risiken. Gut mit den eigenen Gefühlen, Denkmustern und Blockaden umzugehen und seine Ressourcen zu erkennen sind Faktoren, die es möglich machen, sich erfolgreich zu verändern.

5.1 Ängste verstehen

Aus der Neurowissenschaft wissen wir, dass sich die heutige Ausprägung des menschlichen Gehirns mehr oder minder vor rund 200 000 Jahren entwickelt hat. Damals hatte derjenige die besten Überlebenschancen, der am schnellsten auf Gefahren reagierte oder gar nicht erst in Gefahr geriet. Und wie vermeidet man heute am ehesten ein Risiko? Indem man da bleibt, wo man ist – auch beruflich.

Angst ist der stärkste Feind jeglicher Veränderung. Evolutionär war sie jedoch extrem wertvoll, da sie das Überleben unserer Spezies sicherte. Auch heute noch ist das Gefühl der Angst oft wichtig, bewahrt es uns doch vor unüberlegten Handlungen. Doch häufig und in vielen Situationen engt uns die Angst zu stark ein, denn in den seltensten Fällen geht es heute um Leben und Tod. Um Risiken zu vermeiden, greift unser Gehirn am liebsten auf gut trainierte Verhaltensweisen und alte Muster zurück. Dies führt dazu, dass Gewohnheiten unser Denken und unsere Gefühle in hohem Maße prägen. Veränderung bedeutet also, bewusst gegen diese evolutionär alten Programme anzugehen. Zu wissen, dass Unsicherheiten normal sind, ist für viele Menschen auf dem Weg der beruflichen Neuorientierung bereits ein hilfreicher erster Schritt.

Es kann aber auch sein, dass bestimmte Denkmuster den Blick auf die Veränderung einschränken: „Schuster, bleib bei deinen Leisten" oder „Träume sind Schäume" können solche einengenden Überzeugungen sein, die einen kraftvollen Schritt verhindern. Auch in diesem Fall hilft es, sich diese Dynamiken und Muster bewusst zu machen.

Ein Teil von uns möchte sich verändern. Ein anderer Teil hat Angst. Umso wichtiger ist es, seine Ängste anzuerkennen und sie aktiv in den Neuorientierungsprozess miteinzubeziehen.

Jede Veränderung birgt ein potenzielles Risiko. Angst bewahrt uns vor unüberlegten Handlungen, verringert aber auch häufig unsere Veränderungsbereitschaft. Veränderung bedeutet, bewusst gegen evolutionär alte Programme anzugehen.

5.2 Gefühle wahrnehmen

Wie zuvor bereits erwähnt, ist eine berufliche Neuorientierung üblicherweise von zahlreichen Gefühlen begleitet. Dies sind zum einen positive Gefühle wie Freude, Neugier, Spannung, Hoffnung und manchmal sogar Euphorie, wenn ein bedeutender Schritt geschafft ist. Zum anderen treten normalerweise aber auch negative Gefühle auf, wie zum Beispiel Angst vor dem Unbekannten oder Ungeduld, wenn Dinge länger dauern als gedacht. Auch Ärger und Wut können aufkommen, sei es auf andere oder sich selbst.

Manche Menschen machen sich selbst Vorwürfe, weil sie schon viel früher hätten aktiv werden müssen. Und bei anderen wiederum werden Erinnerungen an alte Enttäuschungen und Kränkungen aus früheren Arbeitsverhältnissen geweckt, die noch nicht richtig verarbeitet worden sind.

Wie auf einer echten Reise kommt es auch auf der Reise der beruflichen Neuorientierung zu so manchem unvorhergesehenen Ereignis. Mal kommt der Koffer erst mit Verspätung am Zielort an, weil er in das falsche Flugzeug geladen wurde, oder das Hotel, das im Katalog so vollmundig angepriesen wurde, erweist sich als Bruchbude. Übertragen auf die berufliche Reise wird der eine oder andere Kompetenzkoffer nicht mitgenommen, wenn Menschen nicht an sich glauben, oder bestimmte Vorstellungen stellen sich in der Realität als falsch heraus.

Das ABC der Gefühle

Sind wir unseren Gefühlen hilflos ausgeliefert oder können wir sie aktiv verändern? Viele denken, dass ihre Gefühle durch andere Menschen oder bestimmte Umstände verursacht werden. Doch wir haben es im hohen Maße selbst in der Hand, wie wir uns fühlen. Wir können nämlich unsere Gefühle beeinflussen, indem wir uns unsere häufig irrationalen Gedanken bewusst machen und sie ändern. Dazu ist es hilfreich, das „ABC der Gefühle" zu kennen. Das Modell geht zurück auf den US-amerikanischen Psychologen Albert Ellis.

Das ABC der Gefühle – ein Beispiel

A (engl. „Activating Event", Ereignis): Schon seit Tagen versuchen Sie vergeblich, einen Ansprechpartner in einem Unternehmen zu erreichen.

B (engl. „Belief", bewertender Gedanke): *„Das klappt nie!" „Nicht mal das gelingt mir!" „Ich sollte das Ganze lassen, wahrscheinlich nerve ich denjenigen nur!"*

C (engl. „Consequence", Gefühl bzw. Handlung): Frust, Ärger, Unsicherheit, Resignation.

Mögliche veränderte Gedanken (**B**) im Beispiel:
„Mit meinem Anruf zeige ich großes Interesse, das kann mein Gegenüber schätzen!" „Ich gestehe ihm das Recht zu, sich keine Zeit zu nehmen, wenn er das möchte. Um gekehrt gestehe ich mir das Recht zu, ihn zumindest zu fragen!"

Mit hoher Wahrscheinlichkeit werden Sie sich mit diesen neuen Gedanken anders fühlen und anders handeln!

Gedanken verändern

Warum ist es so wichtig, wenig hilfreiche Gedanken zu verändern? Aus der Neurowissenschaft wissen wir, dass wir durch häufiges Denken des gleichen Gedankens diesen immer mehr im neuronalen Netzwerk unseres Gehirns verfestigen – und mit ihm auch das damit verbundene Gefühl. Im Grunde erleben wir dann immer die gleichen Gefühle, egal ob wir uns eine unangenehme Situation nur im Kopf ausmalen oder ob wir sie tatsächlich erleben. Unser Gehirn kann nur schwer zwischen Vorstellung und Realität unterscheiden.

Kann man negative Gedanken einfach ausblenden? Nein, nicht wirklich. Es geht eher darum, sie durch hilfreiche Gedanken zu ersetzen. Diese sollten aber realistisch sein. Allzu positive Schönfärberei bringt nichts. „Denk-Kosmetik" wird von unserer Psyche meist sofort als unglaubwürdig erkannt und bleibt wirkungslos.

Vielen Menschen hilft übrigens eine Übung aus der Psychologie, die darin besteht, den „Super-GAU" durchzudenken: Was kann mir schlimmstenfalls passieren, wenn ich die Veränderung vornehme? Und wie realistisch sind meine Überlegungen hierzu? Meist merken Menschen, dass ihre Ängste übertrieben sind und dass sie doch für vieles Lösungen finden können.

Doch es geht nicht darum, alle Befürchtungen „wegzudenken", denn sie sind auch wichtig, um uns vor unüberlegten Handlungen zu schützen. Wenn Sie zum Beispiel zu allzu spontanen Handlungen neigen, könnte eine Tendenz zu Vorsicht und nochmaligem Hinschauen aufgrund bestimmter Befürchtungen ein sehr wichtiger Gegenpol sein.

Wenn Sie sich näher mit dem Thema Gefühle und dem „ABC der Gefühle" auseinandersetzen wollen, finden Sie zwei empfehlenswerte Bücher in der Literaturliste: A. Ellis, 2015, und D. Wolf und R. Merkle, 2016.

Eine berufliche Neuorientierung ist begleitet von zahlreichen Gefühlen – positiven wie negativen. Wir haben es in hohem Maße selbst in der Hand, wie wir uns fühlen. Um unsere Gefühle zu beeinflussen, können wir uns unsere wenig hilfreichen oder irrationalen Gedanken bewusst machen und sie durch hilfreichere Gedanken ersetzen.

5.3 Widerstände und Blockaden lösen

Es gibt zahlreiche Widerstände und Blockaden, auf die Menschen bei beruflichen Veränderungen stoßen, zum Beispiel Überzeugungen wie:

- *„Woanders ist es doch auch nicht besser.“*
- *„In meinem Alter finde ich doch eh nichts mehr.“*
- *„Mit meinem Lebenslauf ist das nicht so einfach.“*
- *„Das Gehalt bekomme ich sicher nicht mehr.“*
- *„Mein Umfeld würde das nicht verstehen.“*
- *„Anderen geht es doch genauso.“*

Einer der Erfolgsfaktoren bei beruflichen Neuorientierungen besteht darin, sich diese Blockaden bewusst zu machen und einen guten Umgang damit zu finden. Dabei geht es nicht darum, sich einzureden, die obigen Überlegungen seien falsch. Denn es gibt selten ein Richtig oder Falsch. In der Tat kann es sein, dass es auch in einem anderen Unternehmen nicht besser wird. Oder bestimmte Gehaltsvorstellungen oder Aspekte im Lebenslauf können tatsächlich Herausforderungen bei der Jobsuche darstellen. Die Frage ist nur, wie stark Sie sich von diesen Gedanken daran hindern lassen, überhaupt an eine Veränderung zu denken und einzelne Schritte in diese Richtung zu gehen. Veränderung kann dabei eben auch bedeuten, nur eigene Verhaltensweisen oder kleinere Dinge im jetzigen Job zu verändern – oder doch einen größeren Schritt zu machen. Viele Menschen befürchten, eine falsche Entscheidung zu treffen. Doch es gibt keine absolut richtige Entscheidung, es gibt nur eine abgewogene Entscheidung – mit Kopf und Bauch. Und es bleibt immer noch ein gewisser Unsicherheitsfaktor, da sich die Dinge im neuen Job anders entwickeln können als gedacht. Genau das Gleiche trifft aber auch auf den jetzigen Job zu. Man kann nie alles hundertprozentig vorhersehen. Ein klares Ja zu einer Entscheidung kann jedoch starke Energien freisetzen.

Kleine Schritte gehen

Aus der Psychologie wissen wir, dass es hilfreich sein kann, sich immer nur in so kleinen Schritten dem Ziel zu nähern, dass der Widerstand nicht gleich im vollen Ausmaß auf den Plan gerufen wird. Dann gilt es, die Schritte nach und nach zu vergrößern. Gerade wenn man schon sehr lange in einem Unternehmen arbeitet und dort vielleicht sogar seine Ausbildung gemacht hat, kann dies zum Beispiel bedeuten, zunächst einmal nur ein wenig offener sowohl nach internen Möglichkeiten als auch nach „draußen" zu schauen, vielleicht mit dem einen oder anderen Menschen zu sprechen, der in einem interessanten Feld arbeitet, oder eine Veranstaltung zu besuchen. Manchmal ergeben sich dann sogar zufällig Gelegenheiten.

Je genauer Sie sich Ihre inneren und äußeren Blockaden bewusst machen, umso besser können Sie bereits hilfreiche vorbeugende Maßnahmen entwerfen. Fragen Sie sich dazu: Welche Hindernisse und Blockaden könnten auftauchen? Was genau tue ich dann? Was und wer könnte mir dann helfen?

Manchmal wirken auch unbewusste Blockaden, die mit der Familiendynamik zu tun haben. Da fühlt sich zum Beispiel der Sohn für die finanzielle Unterstützung der älteren Mutter alleine verantwortlich, obwohl es noch andere gut verdienende Geschwister gibt. Dies hemmt ihn, ernsthaft nach beruflichen Alternativen zu suchen. Häufig hilft es alleine schon, sich eine solche Blockade bewusst zu machen. Manchmal braucht es aber auch professionelle Unterstützung auf dem Weg.

Willenskraft entwickeln

Um Hindernisse und Blockaden zu überwinden, ist auch einiges an Willenskraft nötig. Laut Hans-Georg Willmann, Psychologe und Experte für Willenskraft, ist der Wille die treibende Kraft, um Absichten in konkrete Handlungen umzusetzen und Ziele zu erreichen (vgl. H.-G. Willmann, Erfolg durch Willenskraft). Unsere Willenskraft ist aber begrenzt. Deshalb gilt es, bewusst mit ihr umzugehen. Um Willenskraft zu entwickeln, lautet eine seiner Empfehlungen, ein Ziel mit allen Sinnen zu beschreiben, um ein positives Gefühl dafür zu entwickeln. Dies aktiviert die rechte Hirnhemisphäre, sodass das Ziel im Unbewussten abgespeichert wird und so unsere Willenskraft gestärkt wird.

> **Tipp: Ihr Ziel mit allen Sinnen beschreiben**
> Malen Sie sich vor Ihrem geistigen Auge in aller Schönheit aus, wie es sein wird, wenn Sie Ihr Ziel erreicht haben. Wo sehen Sie sich? Wie sieht es dort aus? Wie riecht es dort? Was hören Sie? Wie fühlen Sie sich? Stellen Sie sich Ihr Ziel auf diese Weise mehrmals am Tag vor.

Wenn Sie Ihre Willenskraft weiterentwickeln wollen, finden Sie das empfehlenswerte Buch in der Literaturliste.

Ressourcen erkennen

Um Blockaden zu lösen, ist es darüber hinaus wichtig, die eigenen Ressourcen gut zu kennen. Dies können zum Beispiel aufbauende Weggefährten oder auch finanzielle Rücklagen sein. Es kann zudem helfen, sich bewusst zu machen, welche schwierigen Herausforderungen man früher bereits erfolgreich gemeistert hat. Doch auch dadurch, dass wir uns fragen, woran wir vielleicht schon mal gescheitert sind und ob es wirklich so schlimm war, können wir hilfreiche Ressourcen in uns selbst entdecken. Häufig erkennen wir, dass uns

Herausforderungen sogar weitergebracht haben, weil wir aus ihnen gelernt haben – und sie uns sogar ein Stück stärker gemacht haben.

Gute Reise!

Wie jede Reise bietet auch eine berufliche Neuorientierung viele Erlebnisse, Lernerfahrungen und die Möglichkeit, an sich zu wachsen. Dabei hilft es, sich selbst der beste Freund zu werden. Nehmen Sie sich die Zeit, um sich über Ihre Bedürfnisse und Ziele klar zu werden und wichtige Informationen und Einblicke einzuholen. Wenn Sie gegenrechnen, wie viel Zeit Sie noch in Ihrem Beruf verbringen werden, ist diese Zeit gut investiert. Wo auch immer Ihre berufliche Reise Sie hinführt, ob in die nähere Umgebung oder in ferne Länder, ich wünsche Ihnen von Herzen alles Gute auf Ihrem Weg!

Ein guter Umgang mit den eigenen Gefühlen ist einer der Erfolgsfaktoren bei beruflichen Neuorientierungen. Widerstände und Blockaden sind normal.

30

- *Nehmen Sie Ihre Gefühle bewusst wahr und würdigen Sie sie. Gefühle sind ein normaler Teil des Prozesses und dafür da, Ihnen etwas zu sagen.*
- *Versuchen Sie Ihre Gefühle zu benennen. So schaffen Sie eine emotionale Distanz zum Gefühl und verhindern, sich in dessen Strudel zu verlieren.*

- *Unterteilen Sie Ihren Weg in kleine Schritte.*
- *Trainieren Sie Ihre Willenskraft.*
- *Machen Sie sich Ihre Ressourcen bewusst und führen Sie sich vor Augen, was Sie bereits erfolgreich gemeistert haben.*

5. Das Einmaleins der Psychologie der Veränderung

Fast Reader

1. Aufbruch in ein neues (Job-)Land

Eine berufliche Neuorientierung kann durch unterschiedliche Gründe motiviert sein. Wichtig ist es, sich diese bewusst zu machen. Mehr als eine Weg-von-Motivation trägt eine Hin-zu-Motivation auf dem Weg zum Ziel.

Die Dauer einer beruflichen Neuorientierung ist sehr unterschiedlich. Sie kann zwischen einigen Monaten, einem Jahr und mehr liegen. Nehmen Sie sich die Zeit, um Ideen reifen zu lassen und mit der Realität abzugleichen. Viel wichtiger, als schnell zu sein, ist es, sich nachhaltig und individuell passend zu verändern.

Vier wichtige „Reisebegleiter" sind: der Mut, Neues zu wagen, das Vertrauen, den eigenen Weg zu finden und mit allen Unabwägbarkeiten gut umgehen zu können, die „Schubkraft" für die Verän-

derung und Unterstützer, die Sie auf Ihrem Weg wohlwollend begleiten.

30 **Jede berufliche Neuorientierung ist ein individueller Prozess.**

- **Machen Sie sich bewusst, warum Sie beruflich unzufrieden sind, und überlegen Sie, was Sie gegebenenfalls kurzfristig zur Lösung beitragen könnten.**
- **Sehr häufig liegt der Schlüssel zu mehr Zufriedenheit darin, eigene Sicht- und Verhaltensweisen zu ändern. Denn egal, ob Sie irgendwann Ihren aktuellen beruflichen Kontext verlassen oder nicht, Sie nehmen sich selbst immer mit.**
- **Je nach Hintergrund kann ein interner Wechsel oder ein Wechsel des Unternehmens bzw. der Branche ein sinnvoller Schritt sein. Manchmal ist die Veränderung tief greifender und führt zu einer ganz neuen beruflichen Tätigkeit.**
- **Fragen Sie sich: Wenn nicht jetzt, wann dann? Es ist nie zu spät, eine Veränderung vorzunehmen.**

2. Sich selbst erkennen

Langfristig finden Sie berufliche Zufriedenheit und Erfolg dort, wo Sie in hohem Maße Ihre Kom-

petenzen einsetzen können. Packen Sie in Ihren Kompetenzkoffer alles, was Sie auf Ihrer bisherigen beruflichen Reise geschafft haben und worauf Sie stolz sind. Dazu gehören Ihre fachlichen, methodischen, sozialen und persönlichen Kompetenzen. Neben Ihrem Selbstbild können auch Feedbacks von anderen hilfreiche Erkenntnisse liefern. Jeder Mensch sieht Sie durch eine andere Brille und erweitert Ihr Selbstbild.

Neben Ihren Kompetenzen spielen Ihre Interessen eine große Rolle bei der Frage, was Sie beruflich ausfüllt und wohin es Sie beruflich „zieht". Dabei handelt es sich um spezielle Themen, Sachgebiete oder bestimmte Tätigkeiten, die Sie begeistern und denen Sie in Zukunft mehr Raum geben wollen.

Eine gründliche Standortbestimmung ist eine sehr wichtige Basis für jede berufliche Neuorientierung. Je mehr wir in einer neuen beruflichen Tätigkeit das leben können, was wir können, wollen und was uns wichtig ist, umso erfolgreicher und zufriedener werden wir sein.

- **Sammeln Sie Ihre Kompetenzen für Ihre Ausrüstung und Ihre Interessen für eine starke „Schubkraft".**
- **Motive sind wie der „Motor", der uns antreibt. Werte geben uns Orientierung und dienen als**

eine Art „inneres Navi" oder „innerer Kompass". Setzen Sie sich gründlich mit Ihren Motiven und Werten auseinander.

- *Machen Sie sich Ihre Ziele bewusst. Fragen Sie sich nicht nur, was Sie persönlich erreichen wollen, sondern auch, welchen Nutzen Sie für die Gesellschaft stiften wollen und wodurch.*

3. Zielkurs definieren

Nach einer gründlichen Standortbestimmung gilt es, die gesammelten Erkenntnisse zu betrachten und zu priorisieren. Die besten Ideen liegen in der Schnittmenge aus Ihren Kompetenzen, Interessen und wichtigsten Werten, Motiven und Zielen. Nehmen Sie sich Zeit, gründlich zu recherchieren, um Ihre Vorstellungen mit der Realität abzugleichen und nach und nach zu präzisieren.

Um mögliche berufliche „Reiseziele" zu finden, wird der Blick zunächst weit, um sich dann auf das stimmigste Ziel zu konzentrieren. Dabei kann Ihnen folgende Strategie helfen:

- *Lassen Sie Ihrer Fantasie zu Beginn freien Lauf und grenzen Sie dann schrittweise durch gründliche Recherchen Ihre Ideen ein.*
- *Geben Sie nicht auf, wenn Sie nicht gleich eine zündende Idee haben. Frustrationen und ein*

zeitweiliger Information-Overload sind völlig normal.

- *Besonders im Internet finden Sie viele Informationen zu Berufen, Branchen usw.*
- *Holen Sie sich möglichst viele Informationen aus erster Hand durch Gespräche mit Menschen, die in dem Bereich arbeiten, oder – noch besser – in Form von praktischen Einblicken.*
- *Je konkreter Ihre Vorstellungen werden, umso leichter wird Ihre anschließende Jobsuche.*

4. Umsetzung planen

Durch einen Realitätscheck können Sie prüfen, ob Sie für Ihr neues berufliches Ziel ausreichend gerüstet sind, und einschätzen, wie realistisch Ihre Chancen sind. Passen Sie gegebenenfalls Ihr Ziel an oder bauen Sie Zwischenetappen mit Zusatzqualifikationen oder praktischen Erfahrungen ein. Es gibt verschiedene Strategien auf dem Weg zu Ihrem neuen beruflichen Ziel. Ob direkt oder mit einer schrittweisen Veränderung, ob hauptberuflich, nebenberuflich oder ehrenamtlich – wichtig ist, dass die Strategie individuell zu Ihnen passt.

Wer nicht den geradlinigen Lebenslauf mit dem berühmten roten Faden vorweisen kann, ist leider oft mit Vorurteilen konfrontiert, weil er nicht

in die üblichen Kategorien passt. Umso wichtiger ist ein Vergleich von Ist und Soll, um die eigenen Chancen realistisch einzuschätzen.

Neben einer individuellen Strategie und machbaren Etappen ist eine gute „Reiseplanung" entscheidend.

- *Sie brauchen ein klares Ziel, viel mentale Stärke und Durchhaltevermögen.*
- *Fragen Sie sich, welchen Preis Sie zu zahlen bereit sind. Eine Tätigkeit, in der alles stimmt, gibt es selten.*
- *Überlegen Sie sich, welche Zwischenetappen Sie gegebenenfalls einbauen können oder müssen.*
- *Prüfen Sie, ob eine nebenberufliche oder ehrenamtliche Tätigkeit eine gute Alternative wäre.*
- *Aktivieren Sie Ihr Netzwerk und erweitern Sie es.*
- *Entwickeln Sie eine individuelle Bewerbungs- oder Gründungsstrategie.*

5. Das Einmaleins der Psychologie der Veränderung

Jede Veränderung birgt ein potenzielles Risiko. Angst bewahrt uns vor unüberlegten Handlungen, verringert aber auch häufig unsere Veränderungs-

bereitschaft. Veränderung bedeutet, bewusst ge-
gen evolutionär alte Programme anzugehen.
Eine berufliche Neuorientierung ist begleitet von
zahlreichen Gefühlen – positiven wie negativen.
Wir haben es in hohem Maße selbst in der Hand,
wie wir uns fühlen. Um unsere Gefühle zu beein-
flussen, können wir uns unsere wenig hilfreichen
oder irrationalen Gedanken bewusst machen und
sie durch hilfreichere Gedanken ersetzen.

Ein guter Umgang mit den eigenen Gefühlen ist
einer der Erfolgsfaktoren bei beruflichen Neuori-
entierungen. Widerstände und Blockaden sind
normal.
- **Nehmen Sie Ihre Gefühle bewusst wahr und**
  würdigen Sie sie.
- **Versuchen Sie, Ihre Gefühle zu benennen. So**
  schaffen Sie eine emotionale Distanz zum Ge-
  fühl.
- **Unterteilen Sie Ihren Weg in kleine Schritte.**
- **Trainieren Sie Ihre Willenskraft.**
- **Machen Sie sich Ihre Ressourcen bewusst und**
  führen Sie sich vor Augen, was Sie bereits er-
  folgreich gemeistert haben.

Die Autorin

 Die Frankfurter Diplom-Psychologin ist Expertin rund um die Themen Job & Karriere. Viele Jahre hat sie selbst als Personalerin in einem internationalen Konzern Führungskräfte bei Personalbesetzungen weltweit beraten. Darüber hinaus verantwortete sie ein Weiterbildungsprogramm für über 17.000 Mitarbeiter. Als Karriere- und Outplacement-Beraterin war sie für renommierte Beratungshäuser tätig.

Als zertifizierter Coach unterstützt sie heute in eigener Praxis Menschen bei beruflichen Veränderungen und dabei, ihre eigenen Talente zu entdecken. Sie ist spezialisiert auf die Themen berufliche (Neu-)Orientierung, Bewerbung, Potenzialanalysen und berufliche Zufriedenheit.

Kontakt:
Wagenpfeil Beratung und Coaching
Tel.: + 49 (0) 173 6505511
E-Mail: wagenpfeil@career-coach.de
www.career-coach.de

Weiterführende Literatur

- Asgodom, S.: Deine Sehnsucht wird dich führen. Wie Menschen erreichen, wovon sie träumen. Kösel, München, 2016.
- Bolles, R. N.: Durchstarten zum Traumjob. Das ultimative Handbuch für Ein-, Um- und Aufsteiger. Campus Verlag, Frankfurt a. M., 2012.
- Brenner, D.: Networking im Job. Haufe Lexware, Freiburg, 2017.
- Däfler, M.-N. und Dannhäuser, R.: Glücklicher im Beruf ... mit der Kompass-Strategie. Springer, Wiesbaden, 2016.
- Ellis, A.: Training der Gefühle. mvg-Verlag, München, 2015.
- Horx M.: Das Megatrend Prinzip: Wie die Welt von morgen entsteht. Pantheon, München, 2014.
- Rath, T.: Entwickle deine Stärken. Mit dem Strengths-Finder 2.0. Redline-Verlag, Frankfurt a. M., 2014.
- Willmann, H.-G.: Erfolg durch Willenskraft. GABAL, Offenbach, 2015.
- Wolf, D. und Merkle, R.: Gefühle verstehen, Probleme bewältigen. Eine Gebrauchsanleitung für Gefühle. PAL, Mannheim, 2016.

Karriereberater und Coaches:
www.dgfk.org (Deutsche Gesellschaft für Karriereberatung e.V.) oder www.dvct.de (Deutscher Verband für Coaching und Training e.V.)

Register